AF499620

# DE LA CAUTÉRISATION

## DANS LES INFLAMMATIONS DU TISSU CELLULAIRE.



### A. — DU PHLEGMON.

Le phlegmon, dont l'étymologie dérive d'un verbe grec *(phlegô)*, qui signifie *je brûle*, est toujours cité comme le prototype de l'inflammation. Il y a chaleur, douleur, rougeur et tumeur, à un très-haut degré. Les antiphlogistiques seuls sont conseillés pour le combattre (1). Eh bien! dans la période la plus aiguë, avant que la suppuration soit formée, j'ai usé de la potasse caustique. Un petit fragment est placé sur le sommet de la tumeur; puis un cataplasme de riz, crevé à l'eau de pavot, quand le caustique est entièrement fondu, qu'il a dessiné l'escharre. Réitération de ce même topique humide, jusqu'à la chute de la portion mortifiée; ensuite pansement de la plaie avec le baume d'Arceus, ou le basilicum.

Nous avons, en agissant ainsi, diminué de moitié le temps ordinaire qu'emploient ces tumeurs à se résoudre: la douleur vive et instantanée due au caustique cesse entièrement dès qu'il a désorganisé la partie sur laquelle on l'a appliqué.

#### Exemples.

N° 1. — M. le comte de M.... nous consulta, l'année dernière,

(1) M. Taxil (*Journal des Connaissances chirurgicales*, t. V, p. 145) proclame l'action spéciale que les caustiques exercent sur les tumeurs phlegmoneuses, quelle que soit la période de l'état inflammatoire, tout en demandant pardon à la doctrine physiologique, dont il avoue avoir été un sincère partisan. Il était, en 1835, chirurgien en chef des hospices civils de Lyon.

pour un phlegmon assez considérable, situé à la partie antérieure et moyenne de la cuisse droite ; il y avait déjà huit jours que ce monsieur gardait le lit, tant le mal occasionnait de douleurs. La fièvre s'était allumée, et les voies gastriques étaient, par sympathie, surexcitées. Le mal n'avait parcouru que le tiers de sa course ; il était au *summum* de l'inflammation. Néanmoins, sans autre traitement préalable, d'emblée, je plaçai un cautère avec la potasse sur le centre de la tumeur : la douleur ne fut pas aussi aiguë qu'on pourrait se l'imaginer ; elle ne se prolongea que trois ou quatre heures. Il fallut peu de temps pour provoquer la chute de l'escharre. Le mal fut borné au fonticule provoqué par la potasse ; les parties ambiantes, qui étaient rouges, indurées, revinrent en peu de jours à l'état normal. La plaie artificielle fut pansée avec le baume d'Arceus ; elle suppura peu, et se cicatrisa dans une semaine.

Nº 2. — Sainjours, jeune homme de dix-neuf ans, matelot de douane, m'appela, le 10 juin 1842, pour un phlegmon qu'il portait au centre de la fesse droite. La tumeur a le volume d'une grosse noix ; elle est chaude, rouge, dure ; des élancemens aigus et réitérés s'y font ressentir ; elle a parcouru la plus grande partie de sa première période, c'est-à-dire, qu'il n'y a pas encore l'ombre de suppuration ; et, cependant, sans plus tarder, j'applique un cautère avec la potasse, au milieu du phlegmon. Quatre jours plus tard, le malade pouvait reprendre son service ; la tumeur s'était résoute après avoir suppuré quelque peu par la plaie artificielle.

## B. — BUBONS.

Le tissu cellulaire n'est peut-être enflammé que consécutivement aux ganglions voisins, dans ce qu'on appelle bubons ; cependant ce n'est point une adénite exclusive, et souvent même les ganglions semblent étrangers à l'inflammation du réseau fibreux ; c'est pourquoi nous le classons parmi les tumeurs développées dans le tissu cellulaire.

Toute tumeur dans l'aine fut appelée d'abord *bubon* (mot qui signifie en grec *aine*) ; mais il peut se placer aux aisselles, au cou même. On le distingue en sympathique, pestilentiel, scrofuleux, syphilitique, lesquels sont primitifs ou consécutifs ; en égard à leur siége, on les dit abdominaux, cruraux, pubiens ; ils peuvent être simples ou composés.

### CAUTÉRISATION DES BUBONS VÉNÉRIENS.

C'est un point encore en litige pour savoir quel est le chirurgien de nos jours qui a eu le premier l'idée de cautériser les poulains afin de hâter leur guérison. MM. Renaud, professeur distingué à Toulon, et Malapert, chirurgien-major au 12e chasseurs, en garnison à Carcassonne dans l'année 1832, se sont disputé l'honneur de la découverte. C'est le dernier néanmoins qui en a la priorité.

Je vais citer ce que dit M. Ricord (janvier 1834, *Journal des Connaissances médico-chirurgicales*) à ce sujet :

« Les vésicatoires ont été employés dans le traitement des » bubons; mais tous les praticiens ne sont point d'accord sur » les circonstances précises qui les indiquent. M. Renaud a ré- » cemment proposé, dans un travail présenté à l'Académie de » médecine, l'emploi du vésicatoire dans tous les cas ou presque » dans tous les cas de bubons, sans distinction d'espèces, de » temps ou de durée. J'ai employé sa méthode, qui consiste à » placer sur les bubons un vésicatoire, qui, dès le lendemain, » est pansé avec la charpie imbibée d'une solution de deuto- » chlorure de mercure; vingt grains pour une once d'eau. Voici » les résultats que j'ai obtenus. Sur vingt-trois malades affectés » de bubons syphilitiques ou réputés tels, quinze n'étaient point » encore arrivés à l'époque de la suppuration, et huit étaient » suppurés, la peau plus ou moins amincie, et la collection pu- » rulente réunie en foyer. Des quinze premiers malades, sept » ont dû avoir quatre vésicatoires successifs, *la solution concen- » trée de sublimé corrosif* n'ayant point entretenu la suppuration » de la peau. De ce nombre, six ont guéri sans suppuration, et » par une résolution arrivée plus promptement que par les trai- » temens ordinaires; chez un, la suppuration est survenue, et » il a fallu ouvrir. Les huit autres ont eu des vésicatoires; deux » ont guéri par résolution, six se sont ouverts spontanément, » dont deux avec un vaste décollement de la peau. Sur les huit » malades chez lesquels les bubons étaient déjà suppurés, et

» qui avaient également eu des vésicatoires placés d'après la » méthode de M. Renaud, deux ont guéri sans que leurs bu- » bons se soient ouverts, le pus s'étant peu à peu résorbé, et la » peau ayant offert, à la surface du vésicatoire, cette sorte de » transpiration purulente signalée par M. Renaud. Chez les six » autres, après des ouvertures spontanées et *un grand décolle-* » *ment de la peau*, il a fallu en venir à la *potasse caustique* ou » au bistouri. »

M. Renaud dit qu'avec le vésicatoire, les ouvertures *spontanées des bubons étaient très-rares*, et que plus rarement encore il était forcé d'en venir aux ouvertures artificielles (1).

M. Malapert, dans un mémoire intitulé : *Du traitement des maladies syphilitiques par l'application locale du deuto-chlorure de mercure en dissolution, sur les tissus affectés primitivement ou consécutivement* (mémoire qui a été lu au commencement de 1832), signale ainsi sa manière d'agir :

« Ma méthode de traiter, dit-il, en général toutes les mala- » dies vénériennes primitives consiste *à fixer le principe mor-* » *bifique*, à le *saturer* dans le *lieu même* où il a signalé sa pré- » sence, et secondairement à administrer des sudorifiques, des » dépuratifs, afin de maintenir le mal à la périphérie, de le » repousser au dehors, et s'opposer ainsi à une infection con- » sécutive. » M. Renaud reconnaît que la priorité de la décou- verte est due à M. Malapert, comme je vais le montrer en citant le travail de M. Renaud lui-même.

« Les antiphlogistiques généraux et locaux sont d'ordinaire » dirigés contre les bubons dans la période d'acuité ; des em- » plâtres fondans, des frictions résolutives avec l'onguent mer-

---

(1) M. Ricord a délaissé ce moyen, qui lui avait souri d'abord, pour le débridement sous-cutané à l'aide du bistouri à lame étroite, pour des ponctions réitérées avec un instrument aigu. « J'ai, dit-il, depuis long-temps abandonné la » méthode du traitement du bubon par le vésicatoire et les solutions caustiques » de sublimé ou de sulfate de cuivre. Cette méthode, *qui a pu donner d'assez* » *beaux résultats*, est trop douloureuse, et entraîne le plus ordinairement des » cicatrices indélébiles qu'on peut éviter par les autres moyens. » M. Ricord, qui a voulu faire du nouveau, n'aura pas beaucoup d'imitateurs. Ce n'est pas sans danger pour les malades qu'on laboure, en aveugle, toute la profondeur de l'aine avec un instrument tranchant et piquant. (Voyez le *Bulletin de Thérapeutique*, janvier 1845.)

» curiel, la pommade d'hydriotate de potasse, la teinture d'io- » de, etc., sont habituellement mis en usage contre les bubons » indurés. Souvent, malgré l'emploi méthodique de ces remè- » des, un ou plusieurs foyers purulens se forment dans la tu- » meur, se font jour à l'extérieur, et donnent lieu à des plaies » sinueuses, à des décollemens de la peau, etc., qui retiennent » des mois entiers les malades dans les hôpitaux.

» J'ai employé pendant long-temps, et sur un grand nombre » de malades, tous les moyens proposés pour donner issue au » pus, lorsque j'avais *vainement tenté d'en prévenir la forma-* » *tion*. J'ai fait aux bubons, avec l'instrument tranchant, des » ouvertures dans toutes les directions et de toutes les gran- » deurs. J'ai pratiqué ces ouvertures dès l'apparition du pus, et » alors même qu'il n'était pas encore réuni en foyer, et j'ai at- » tendu d'autres fois que la collection fût parfaitement formée, » et que toutes les indurations du voisinage de l'abcès fussent » détruites, comme on le dit, par la fonte permanente. J'ai sou- » vent attendu que la peau fût très-amincie, ou même que la » nature donnât elle-même issue au pus.

» J'ai appliqué la potasse caustique sur les bubons à toutes » les époques de leur durée. Je les ai ouverts avec le cautère » actuel, et je me suis servi tour à tour de cautères en roseau, » de deux, de trois, de quatre lignes de diamètre. J'ai employé » tous ces moyens comparativement sur des hommes placés » dans les mêmes circonstances extérieures; je les ai plusieurs » fois employés comparativement aussi sur des malades atteints » de plusieurs bubons; et après des essais, variés de mille » manières, j'étais arrivé à ce résultat, que les petites ouvertures » sont plus avantageuses pour donner issue au pus que les gran- » des incisions; que la potasse caustique vaut mieux que l'ins- » trument tranchant; que le cautère actuel est préférable à la » potasse caustique et à l'instrument tranchant, et que les cau- » tères en roseau, de quelques lignes de diamètre, doivent être » préférés à tous les autres cautères. Mais, malgré tous mes ef- » forts, de nombreux malades présentaient souvent encore des » plaies blafardes et à bords renversés, qui étaient fréquemment » envahies par la pourriture d'hôpital. J'avais quelquefois tenté » d'appliquer des vésicatoires sur les bubons, à diverses époques » de leur développement; *le peu de succès de mes expériences*

» m'avait fait abandonner peu à peu ce moyen, lorsque les ob- » servations insérées par M. le docteur Malapert, dans les *Ar-* » *chives générales de mars* 1832, vinrent ranimer mes espérances. » Je me remis aussitôt à l'œuvre : j'appliquai d'abord le vési- » catoire et les plumasseaux trempés dans la dissolution de » 20 grains de deuto-chlorure de mercure par once d'eau dis- » tillée, ainsi que l'indique le docteur Malapert ; mais bientôt je » crus devoir modifier cette méthode, et je me suis arrêté, après » de nombreux tâtonnemens, à celle que je vais dire, et qui m'a » habituellement réussi dans les cas infiniment nombreux où je » l'ai déjà employée.

» J'applique sur le centre du bubon un vésicatoire de la gran- » deur d'une pièce de un franc jusqu'à celle d'une pièce de deux » francs, suivant l'étendue de la tumeur. Lorsque la phlyctène » est bien formée, je l'enlève, et je place sur le derme mis à nu » un plumasseau trempé dans une dissolution de vingt grains de » sublimé dans une once d'eau distillée ; deux heures après la » plaie est occupée par une escharre superficielle. Je réapplique » un nouveau plumasseau dans les cas rares où l'escharre n'est » pas parfaitement formée, et je recouvre ensuite toute la tu- » meur d'un large cataplasme émollient.

» *L'escharre ne tarde pas* à se détacher, la plaie du vésicatoire » guérit en quelque jours, et le bubon guérit quelquefois entière- » ment avec elle ; dans tous les cas *il prend une marche rétro-* » *grade*, et ne tarde pas à céder complètement à une *deuxième* » ou *troisième application*.

» Qu'un bubon soit récent et constitué par une tumeur chaude, » rénitente, douloureuse ; que, plus ancien et développé chez un » sujet à vitalité moins active, il forme une masse dure, indo- » lore, ou bien enfin que, plus avancé dans sa marche, il ait » été envahi par le travail pyogénique, et même ait déjà donné » lieu à une collection purulente, le traitement que j'indique est » parfaitement applicable, et amène d'heureux résultats. On » m'objectera peut-être que, dans les bubons aigus et dans les » bubons indolens, le moyen que je propose n'est pas indispen- » sable, puisque les uns et les autres cèdent quelquefois aux » antiphlogistiques, aux résolutifs, aux fondans, etc. ; mais » ces agens, quoique souvent utiles, sont loin de réussir » constamment ; mais lorsque, comme la chose a malheureuse-

» ment trop souvent lieu, les malades ne réclament des soins » que quand les bubons sont en pleine suppuration, ou lorsque, » ce qui arrive souvent aussi, malgré les antiphlogistiques et » les résolutifs les mieux dirigés, le travail pyogénique s'est éta- » bli, il ne restait bien évidemment, jusqu'à présent, qu'une » seule indication, celle de donner issue au pus. Alors, quel que » fût le procédé employé pour ouvrir l'abcès, il n'était pas pos- » sible de prévoir le terme de la maladie.

» Eh bien! c'est contre les bubons en suppuration, lorsque » l'ouverture de l'abcès et ses suites funestes étaient jusqu'à ce » jour inévitables, que j'ai obtenu les succès les plus prompts.

» Le premier effet du vésicatoire et du *plumasseau escharroti-* » *que* est l'épaississement de la peau qui recouvre le foyer. » Trente-six ou quarante-huit heures après la formation de l'es- » charre, et dès que cette escharre commence à se détacher, il se » fait une infiltration de liquide séro-purulent au travers du » derme aminci; cette filtration augmente à mesure que l'es- » charre tombe, et devient quelquefois très-abondante après sa » chute complète. Pendant ce temps, le bubon s'affaisse, et ses » parois, dans lesquelles le vésicatoire a déterminé une *vive in-* » *flammation adhésive,* se recollent de la circonférence au centre. » Souvent le premier vésicatoire ne suffit pas pour laisser trans- » suder tout le pus, ou du moins les élémens les plus liquides » du pus contenu dans l'abcès; le recollement ne s'opère que » dans une certaine étendue, le foyer se trouve circonscrit dans » des limites plus étroites; mais une nouvelle application est » nécessaire pour compléter la guérison.

» Quelquefois, soit que la peau se trouve considérablement » amincie, soit que cette enveloppe ne présente pas la même den- » sité et la même résistance chez tous les individus, l'escharre » donne lieu à un pertuis capillaire, par lequel le bubon se vide » lentement; mais l'inflammation des parois n'en suffit pas moins » pour en déterminer l'adhésion, et la guérison a lieu avec la » même rapidité. Quelquefois enfin, et ces cas sont fort rares, le » vésicatoire et le plumasseau escharrotique agissant sur une » peau plus amincie encore, *la détruisent dans toute son épaisseur,* » et font un emporte-pièce fort semblable à celui que produit la » pierre à cautère; mais le recollement des parois de l'abcès a » encore lieu comme dans les cas précédens, et, après quelques

» jours, il ne reste plus qu'une plaie simple, que quelques pansemens bien dirigés feront aisément cicatriser. Dans ce cas, » qui est sans contredit le plus fâcheux, et qui se présente fort » rarement dans ma clinique, les malades sont dans la condition » de ceux sur lesquels on a employé la potasse caustique ou le » cautère actuel, et moins exposés même que ceux-là aux décollemens de peau et aux trajets fistuleux, le vésicatoire agissant » bien plus puissamment que ces autres moyens pour déterminer » l'adhésion des parois de l'abcès. Il ne faut pas perdre de vue, » du reste, que toutes les fois que la peau est plus ou moins » amincie, on doit surveiller attentivement l'action du plumasseau escharrotique, ne le laisser qu'une heure, s'il paraît agir » rapidement, et éviter le plus possible la destruction complète » du derme. Enfin, quand il y a des trajets fistuleux, plus ou » moins sinueux, plus ou moins anciens, et que ces affections » résistent aux injections irritantes, avec les dissolutions de potasse caustique ou de nitrate d'argent, au lieu de me décider » à ouvrir ces clapiers, à en détruire les parois par la pierre à » cautère, ou à les traverser par des bandelettes à séton, comme » on le fait d'ordinaire, j'ai en ce cas recours au vésicatoire, tel » que je le mets en usage dans les bubons, et je parviens presque toujours, par ce moyen, à faire recoller ces parois au trajet » fistuleux, et à obtenir une guérison solide (1). »

On voit, évidemment, que le vésicatoire appliqué sur les bubons, et pansé avec un plumasseau trempé dans une solution de sublimé, n'est autre qu'une cautérisation presque aussi énergique que celle faite avec la potasse sur la peau recouverte de son épiderme ; que, d'un autre côté, la douleur qu'occasionne le plumasseau, imprégné de la solution de deuto-chlorure de mercure et placé sur une partie dépourvue d'épiderme, doit être beaucoup plus considérable aussi ; que d'ailleurs l'absorption du sel mercurique est à peu près nulle dans ces cas, ce sel bornant son action sur le lieu même où il est apposé, et y provoquant une escharre ; d'où je conclus que la potasse, la poudre de Vienne, sont

---

(1) M. Ducastaing applique le vésicatoire sur les bubons ; mais il saupoudre de calomel la plaie qui en résulte, afin que l'absorption ait lieu : ce qui ne peut arriver avec le deuto-chlorure, qui fait tomber en mortification le tissu sur lequel on l'a placé. (*Journal des Connaissances médico-chirurgicales*, t. V.)

de beaucoup préférables, dans les bubons, au vésicatoire seul, ou pansé comme je viens de le dire.

M. Malapert a appliqué le vésicatoire sur les bubons à toutes les périodes, à l'état aigu comme à l'état chronique. Nous avons, nous aussi, cautérisé à toutes les périodes ; mais nous nous sommes servis de la potasse caustique ou de la poudre de Vienne, et cela avec d'autant plus de bonheur, que les bubons étaient plus récens, qu'ils étaient survenus d'emblée.

Jusqu'ici, on a traité les bubons vénériens *localement*, de plusieurs manières : dans leur première période, on essaie les fondans, tels que les frictions mercurielles, l'emplâtre *vigo cum mercurio*, etc., puis les sangsues, les vésicatoires volans pansés avec l'onguent mercuriel. Quand le bubon est *en suppuration*, on en a conseillé l'ouverture, soit avec le bistouri, le fer rouge, la potasse caustique et la poudre de Vienne.

Le bubon suppuré, livré à lui-même, expose le malade à l'amincissement de la peau, à son décollement dans une grande étendue. On voit succéder à l'ouverture spontanée de l'abcès « des » ulcérations larges et profondes, à vitalité languissante, aux » bords décollés, et qui, très-longs à se cicatriser, ont encore le » grave inconvénient de laisser des cicatrices très-marquées, ir- » régulières, indélébiles. »

M. le docteur Payan, qui a proposé l'emploi du fer rouge, de la potasse caustique, ou de la poudre de Vienne, dans le bubon à l'état de *maturité*, dit « qu'on ne doit pas attendre une accumulation trop considérable de pus, qu'il faut porter de bonne heure un instrument aigu dans le foyer commençant ; qu'on tend ainsi à prévenir, par une évacuation prochaine, le décollement trop étendu, ainsi que le mode vicieux de cicatrisation qui en est la conséquence. Il y a, dit-il, dans l'inflammation du bubon, quelque chose d'indolent qui s'oppose à une prompte terminaison du mal. Rien n'est plus commun, après l'évacuation *hâtive* du pus, de voir les bords de l'incision long-temps *languissans*, la base de la tumeur long-temps endurcie et rebelle à se résoudre. Il manque alors, continue-t-il, quelque chose qui excite la vitalité de la tumeur, et partant sa fonte rapide. Pour obtenir ce résultat avantageux, il a recours à l'ouverture de la tumeur suppurée, au moyen de la potasse caustique ou de la poudre de Vienne. « La » partie cautérisée devient un centre fluxionnaire, la peau rou-

» git, devient plus tendue ; la vitalité de la tumeur y est évidem-
» ment excitée. Ce qui était indolent dans la phlegmasie exis-
» tante s'accroît, et la maladie est dès-lors dans les conditions
» favorables à sa résolution prochaine. »

Ce que M. Payan a fait pour les bubons à l'état de maturité, je n'ai pas craint de le tenter à toutes les périodes de cette tumeur vénérienne. C'est surtout dans les bubons d'emblée, les bubons naissans, que la cautérisation réussit à merveille. Le cautère agit alors comme dans la pustule maligne, dans le cas de morsure d'un animal venimeux ; il use localement tout le principe septique, avant qu'il soit absorbé, avant qu'il ait été charrié dans le torrent circulatoire, et qu'il ait contaminé l'économie entière. Ceci n'est point une hypothèse. L'expérience est venue confirmer pleinement mes prévisions. Qu'on ne croie pas que l'application de la potasse sur un bubon commençant soit dangereuse, douloureuse ou *dégradante*. La douleur ne dure que deux heures, et est très-supportable ; la cicatrice de la plaie qui a suivi la chute de l'escharre est à peine visible, parce qu'on ne doit pas se servir d'un gros morceau de potasse : un décigramme au plus suffit. Quant aux dangers, il n'y en a aucun à redouter quand le chirurgien applique le caustique avec les précautions nécessaires en pareils cas ; l'inflammation ne s'est jamais étendue au-delà de cinq millimètres de la circonférence de l'escharre.

Je crois, d'un autre côté, qu'il est illusoire, si ce n'est dangereux, de vouloir faire fondre les bubons vénériens avec l'emplâtre *vigo cum mercurio* ou tout autre. C'est, comme dit le vulgaire, *renfermer le loup dans la bergerie*. Les médecins méprisent trop souvent les sentences populaires ; il y a toujours quelques vérités utiles dans ces adages. En effet, le chancre d'emblée, le bubon d'emblée, sont des affections tout-à-fait locales. Vouloir faire avorter ces affections, c'est chercher à livrer aux absorbans le virus qui les constitue, c'est en infecter l'économie, c'est rendre la syphilis constitutionnelle. Quand le bubon vénérien n'est pas primitif, il est l'effet d'un travail éliminatoire de la nature, à laquelle préside le principe vital. Alors non plus on ne doit pas tenter de le faire fondre, parce que de l'aine il peut aller à l'aisselle ou partout ailleurs. Le bubon est comme un fruit, il faut qu'il mûrisse ; il faut qu'il suppure pour que l'économie soit débarrassée du principe septique qu'il contient. Je ne veux pas dire que la suppuration seule peut suffire pour guérir le bubon syphilitique ; il faut, de rigueur, faire prendre le mercure à l'intérieur ou en frictions sur les membres abdominaux ou thoraciques.

Je vais faire l'histoire de tous les cas de bubons, traités par la cautérisation, qui se sont présentés à ma pratique depuis quelques mois : si j'exerçais dans un hôpital, mes expériences auraient une plus vaste portée. Cependant, comme j'ai réussi complètement, et en très-peu de temps, dans les observations que je vais transcrire, je crois avoir droit d'inviter mes confrères à tenter de nouveau ce même moyen, qui doit tourner, si je ne me trompe, à l'avantage de la science et au profit des malades.

N° 1. —Le nommé J., menuisier, âgé de trente ans, marié, contracte, ailleurs que chez lui, une blennorrhagie virulente, dans le mois de septembre 1840. Peu après, un bubon aigu apparut dans l'aine gauche. La douleur le contraignit de s'arrêter et de garder le lit : le bubon a six centimètres de largeur et deux centimètres au moins d'élévation. (Pierre à cautère sur le sommet de la tumeur, soutenue par quatre rondelles de diachylon gommé, percées dans leur centre pour le passage du caustique, lequel est entouré de charpie, afin d'éviter la fusion de la potasse sous la toile-Dieu; la rondelle la plus extérieure n'est point perforée dans son centre, afin de maintenir en place le caustique.)

Le lendemain, cataplasme de farine de lin sur l'escharre, qu'on renouvelle jusqu'à la chute de la partie mortifiée : cela demande cinq ou six jours ; en attendant je frictionne le bubon avec l'onguent mercuriel. Je panse le fonticule avec de l'onguent de la Mère et du basilicum pour exciter la suppuration, qui devint très-abondante. La douleur qui, avant l'emploi du caustique, était suraiguë et provoquait de la fièvre, est très-supportable ; la surface du bubon se ramollit. J...... peut se lever et marcher modérément. En trois semaines, la résolution de la tumeur est complète. La cicatrice est à peine visible. J'ai omis de dire que le malade a pris intérieurement le sirop de Larrey et la tisane de salsepareille.

N° 2. — Décembre 1841. — G.... et sa femme me prièrent de leur donner des soins ; ils avaient l'un et l'autre une paire de bubons. Le mari, éludant la fidélité conjugale, eut, au bout de quinze jours, par suite d'un coït suspect, deux bubons inguinaux qui l'empêchèrent de marcher, tant ils prenaient de l'accroissement. C'étaient de véritables *poulains d'emblée.* G..... n'offrait aucune autre lésion syphilitique (sirop de Larrey, tisane sudorifique, *caustique sur les deux bubons*). Suppuration abondante après la chute des escharres, diminution sensible et graduelle des tumeurs, résolution complète au bout de vingt jours. Cet homme n'a cessé de travailler dans les champs (c'est un vigneron) tout le temps qu'a duré le traitement. Sa femme avait une blennorrhagie intense et deux bubons naissans. Les remèdes intérieurs ont suffi pour guérir ces deux affections concomitantes.

N° 3.— Le 19 août 1841, François, garçon roulier, à Labastide, âgé de dix-neuf ans, me fit prier de passer jusqu'à son gîte, pour une *douleur* qu'il avait dans l'aine gauche, douleur qui le contraignait de garder le lit. J'examinai la partie souffrante et j'y distinguai un large bubon commençant ; je lui fis avouer que, trois semaines auparavant, il avait eu un commerce illicite avec une fille qui offrait peu de garantie *sanitaire :* aussi un bubon *d'emblée* en fut le résultat.

Les trois premiers jours, je me borne à appliquer, *loco tumenti*, dix sangsues ; à l'intérieur, sirop de Larrey, tisane de salsepareille. Le malade ne peut, à cause de la douleur, quitter la position horizontale. La tumeur s'accroît de plus en plus, et son sommet dépasse de quatre centimètres le niveau de l'aine opposée, qui est dans l'état normal. Le 24, application d'un décigramme de potasse sur le point culminant du poulain ; friction mercurielle autour de l'escharre, pansement du fonticule avec l'onguent de la Mère. Dès l'application du caustique, la tumeur cesse de faire des progrès, la douleur s'enfuit, et François peut se lever et se promener dans l'écurie où il couche. La résolution du poulain s'opère à vue d'œil ; douze jours après la chute de l'escharre, le malade reprend ses occupations, fait plusieurs lieues à pied, sans aggraver son état de souffrance ; bien au contraire, il vient, le 24 septembre suivant, me montrer ses aines. Il n'y a plus d'engorgement ni d'enflure ; la cicatrice, résultant du caustique, est à peine visible.

N° 4. — L....., apprenti tonnelier, âgé de quinze ans, fut entraîné par des ouvriers de son atelier, plus âgés que lui, dans un lieu de prostitution, où il se laissa aller aux avances perfides que lui fit une femme *gâtée*. C'était au mois de mars 1841. A peine huit jours s'étaient-ils écoulés, qu'un bubon large et proéminent se dessina dans l'aine gauche, et occasionna des douleurs si vives que L.... fut forcé de garder le lit. Je fus appelé; je reconnus de suite la nature de l'affection que j'étais appelé à traiter, et, malgré les dénégations du malade, qui craignait les reproches de ses parens, je fis un traitement anti-syphilitique local et général. Pour faire *d'une pierre deux coups*, je purgeai deux jours de suite le malade avec soixante-quinze centigrammes de calomel, chaque fois, pris à doses fractionnées, de deux en deux heures. Une stomatite mercurielle, des plus intenses, fut le résultat de ce purgatif benin. Le ptyalisme et les ulcérations des gencives fatiguent au dernier point le malade qui n'a pas de repos ; la glossite se joint à ce fâcheux cortége ; et cependant L.... n'avait usé, soit à l'extérieur, soit à l'intérieur, d'autres mercuriaux que le calomel, donné plutôt comme minoratif que comme anti-syphilitique (1).

Pendant trois semaines je fus contraint de suspendre tout traitement mercuriel. J'appliquai sur le centre du bubon quinze centigrammes de potasse caustique. Une escharre large et profonde est provoquée ; la chute en est hâtée par des cataplasmes émolliens. Le fonticule suppure beaucoup ; dès-lors la tumeur cesse de s'accroître ; elle diminue, au contraire, chaque jour, d'une manière sensible. Par contre, une tumeur surgit à peu de distance de la première; elle part, ou du moins semble partir, de

(1) Cet accident n'est pas rare ; il est peu de praticiens qui ne l'aient observé, lorsqu'ils ont donné le calomel à doses fractionnées et continues. Pour ma part, je l'avais observé plusieurs fois, et, pensant que cela tenait à la mauvaise préparation du médicament en question, j'étais décidé à mettre de côté cet agent thérapeutique précieux. J'eus occasion de parler à M. le docteur Paillou (praticien très-distingué) des accidens que provoquait quelquefois le proto-chlorure de mercure ; il assura que tout dépendait de la manière de l'administrer ; qu'il fallait, lorsqu'il s'agit de purger, le donner à la dose de 40, 50 ou 80 centigrammes, à prendre tout à la fois ; que par ce moyen il obtenait un effet purgatif prompt et sans danger ; que l'agent médicamenteux ne faisait que glisser sur la muqueuse gastro-intestinale ; qu'il n'était pas absorbé à cause de l'effet purgatif instantané. L'expérience m'a confirmé pleinement cette vérité, et, depuis lors, je n'ai plus eu d'accident provoqué par le calomel.

la racine des corps caverneux, et vient proéminer sous la peau du périnée, le long du raphé. Elle est allongée , pyriforme ; le pédicule semble adhérer au corps caverneux ; inutile de dire que la base est sous-cutanée. Inquiet sur ce nouveau genre de *bubon*, que je n'osais croire un vrai poulain, je présentai ce jeune malade à la Société médicale d'émulation. On n'osa pas asseoir un diagnostic absolu sur la nature de cette tumeur, greffée à l'origine de la verge. Plusieurs membres manifestèrent des craintes sérieuses sur l'avenir de *ce corps pathologique*. Il était déjà d'un volume assez considérable, et, supposé qu'il eût de la similitude avec le corps caverneux d'où il naissait, on devait appréhender la formation d'une tumeur érectile. On m'engagea à surveiller cette tumeur curieuse ; à tout hasard (mais par induction ) j'usai de la potasse caustique comme pour le bubon de l'aine, et j'obtins, à ma grande satisfaction et en très-peu de jours, la résolution de la tumeur. On voit encore, à l'endroit qu'elle occupait, une espèce de corde mince et dure qui va du corps caverneux à la peau du scrotum, près du raphé. J'ai omis de dire que le bubon de l'aine était guéri entièrement en trois semaines. Le traitement antisyphilitique général n'a pu être que très-peu suivi, à cause de l'impressionabilité ou plutôt de la force d'absorption mercurielle du malade.

N° 5. — Le nommé N...., tailleur de pierre, âgé de vingt-un ans, m'envoie quérir le 23 février dernier pour lui porter secours. Il se plaint de deux tumeurs aux aines, l'une à droite, l'autre à gauche. Il m'assure d'abord qu'il ne s'est pas exposé à contracter la vérole ; mais comme je reconnais chez lui tous les symptômes caractéristiques du vrai poulain, je ne tiens pas compte de son dire : j'applique *loco tumenti* des sangsues, et, en le pressant un peu, il me fait l'aveu qu'il a eu une *accointance suspecte* à trois semaines de là. Les bubons datent de quinze jours, ils ont été gagnés d'emblée ; ils font des progrès chaque jour, mais sont loin d'être dans la période de suppuration. La tumeur de l'aine droite est plus volumineuse que l'autre ; elle occupe tout le pli de la cuisse, est proéminente et fort douloureuse. Le bubon gauche est moins étendu, mais aussi saillant. Potasse caustique au sommet des deux tumeurs. L'escharre droite est plus profonde, plus étendue que celle du côté opposé dont l'épaisseur est peu considérable. J'avais oublié de dire que le malade est dans un état de maigreur effrayante; que la fièvre continue le consume; qu'il n'a ni repos ni sommeil, et qu'il ne peut néanmoins se lever de son lit, à cause de la faiblesse et des douleurs qui l'assiégent. Mais à peine les deux escharrhes sont tombées que le bien-être se manifeste; la fièvre diminue; une suppuration louable a lieu par les plaies *artificielles*. J'entretiens cet écoulement avec les onguens de la Mère et basilicum; je fais des onctions mercurielles autour de la plaie qui a succédé à l'escharre. A l'intérieur je donne le sirop de Portal additionné et la tisane de salsepareille; je réapplique le caustique sur le bubon gauche, parce que le premier essai avait été insuffisant: cette fois l'escharre est étendue et profonde. Je ferai observer que le malade lui-même réclama le cautère, tant il se trouvait bien de son emploi. La résolution des deux côtés eut lieu en trois semaines et graduellement.

Dès les huit premiers jours qui suivirent la chute de l'escharre, N.... put marcher, puis se promener; il mange et dort mieux. La cicatrice est sans difformité des deux côtés; il n'y surgit point de brides comme dans les poulains ouverts à l'aide du bistouri; un mois suffit pour le rétablissement complet de ce malade. M. C...., pharmacien à Labastide, fut étonné de la rapidité avec laquelle s'opéra la fonte de ces deux bubons.

N. 6. — Le 30 mai 1842, M. C...... me pria de passer à sa pharmacie pour affaire me concernant. Il s'agissait d'un jeune homme de vingt-deux ans, de Libourne, porteur de deux poulains, d'un chancre au prépuce, d'une ophtalmie vénérienne de l'œil gauche, et d'une gale assez intense. Ces diverses affections, sauf l'ophtalmie, datent de quelques mois; le traitement qu'a suivi ce monsieur est tout-à-fait insuffisant. Ayant à cœur de sauver l'œil qui court quelque danger (car il y a conjonctivite intense et iritis, la pupille est inégale, la photophobie est considérable, elle s'accompagne d'un larmoiement continuel et fatigant), je pratique une saignée du bras, je fais faire des frictions mercurielles sur les paupières, et des lotions avec le *decoctum* froid de cerfeuil.

Pour la gale et dans un double but, je formule la solution suivante:

| | | |
|---|---|---|
| Sublimé corrosif........... | 8 | grammes. |
| Alcool rectifié.............. | 60 | id. |

Mêlez une cuillerée à café du mélange dans une demi-bouteille d'eau chaude, pour faire des lotions sur toutes les parties du corps où existent les papules *scabieuses*. Ces lavages se feront matin et soir.

Le chancre, dont les bords sont calleux, est cautérisé avec le nitrate de potasse en poudre; légères frictions mercurielles sur les indurations circonvoisines.

Quant aux deux bubons, qui sont dans la période d'augment et bien loin de celle de suppuration, j'applique sur leur centre un morceau de potasse caustique, maintenu comme je l'ai dit dans l'observation 1re; à l'intérieur, sirop de Larrey et tisane de salsepareille.

Je revois le malade (qui se rend de son pied, et le trajet qu'il parcourt est de demi-heure de marche) le 1er juin.

Les bubons vont très-bien, ils se ramollissent, ne sont plus douloureux, ont diminué un peu. L'œil n'est pas dans un état aussi satisfaisant : la douleur y est vive, elle interdit le repos, le sommeil (saignée d'un kilogramme, tout d'un trait; la syncope me force de ne pas aller au-delà). Le 5 juin, les escharres des bubons sont tombées : ces tumeurs sont aplaties, indolores, molles, en pleine résolution. L'œil est infiniment mieux; il n'y a plus qu'un peu de conjonctivite sans photophobie. Le chancre du prépuce est cicatrisé; les callosités n'y existent plus. Les boutons de gale sont desséchés, tombés; la plupart sont remplacés par de petites taches rousses sans élevure. Le malade est saturé de mercure, son haleine est fétide, il y a une ulcération à la langue. Je cesse tous les mercuriaux, je m'en tiens aux dépuratifs, et j'évite le ptyalisme, qui est un accident toujours pénible, inutile et quelquefois dangereux. Le 7 juin, réapplication de la potasse caustique sur le bubon gauche, dont l'escharre première n'avait pas été assez profonde; purgatifs salins tous les deux jours, pendant trois fois. Le 11, le bubon droit est très-aplati, indolore; la plaie qui a succédé à l'escharre suppure : je la panse avec l'onguent basilicum. L'ophtalmie va très-bien; la gale n'existe plus; tisane *sèche* de salsepareille (c'est-à-dire paquets de trois grammes de la poudre de cette plante qu'on incorpore dans de la confiture et qu'on avale deux ou trois fois par jour); deux bains sulfureux. Le 14, l'état du malade est de plus en plus satisfaisant; l'appétit est excellent. La plaie qui a succédé à la chute de l'escharre du bubon gauche, suppure bien ; les deux aines sont aplaties, à peu près comme dans l'état normal : il n'y reste à cette époque qu'un léger noyau induré qui diminue à vue d'œil.

N. 7. — M. N., carrier, âgé de vingt-trois ans, demeurant à Latresne, vint, au commencement de juillet 1842, chez M. Chauvin, pharmacien à Labastide, y demander des remèdes et des conseils pour une affection vénérienne récente. Ce pharmacien, jugeant que le mal n'était pas de sa compétence, m'envoya chercher. Voici quel était l'état du malade : son pénis est énorme, pendant; il s'écoule de l'orifice, très-rétréci, du prépuce, une suppuration analogue à celle qui provient des chancres ; la *coiffe* du gland est gonflée, érysipélateuse ; il y a, en un mot, phimosis intense, et sans nul doute des chancres autour de la racine du gland qu'on ne peut découvrir.

Les douleurs sont vives, l'inflammation considérable ; il y a de la fièvre, de l'insomnie (onctions réitérées sur la verge et le prépuce avec l'onguent napolitain belladoné, d'après le procédé de M. de Mignot; injection interpréputiale avec la solution de sublimé corrosif, un décigramme par trente grammes d'eau distillée; tisane de salsepareille, sirop de Larrey). Quatre jours après l'emploi de ces divers moyens, N... revient me montrer son mal : la verge est moins tuméfiée, l'écoulement purulent moins abondant, la douleur plus supportable ; mais deux bubons naissans se montrent aux aines et je les cautérise *immédiatement* avec la potasse caustique. A la chute des escharres survient une suppuration abondante qui élimine en entier le *germe* du poulain, avant qu'il ait infecté, par absorption, l'économie entière. Au bout de quinze jours, les aines sont plates ; c'est à peine si on distingue les cicatrices dues à la potasse. Le phimosis guérit aussi parfaitement, sans opération. N. reprend son embonpoint, sa fraîcheur. La maladie vénérienne n'existe plus ; on cesse tout traitement.

Nos 8 et 9. — Un postillon de Labastide et un ouvrier fondeur, habitant de la même commune, vinrent me trouver, à peu près à la même époque (en juillet 1842), pour que je leur prêtasse mes soins. Il s'agit de bubons récens et syphilitiques. Le premier de ces malades s'était présenté à l'hospice des vénériens ; il n'y avait pas de place. Ce malheureux n'avait pas un sou, souffrait horriblement. Il fut empêché par un de ses camarades de se lancer de désespoir dans la Garonne, pour en finir, disait-il. Le même ami, qui l'avait arraché au suicide, me l'amena. Le malade avait un énorme poulain dans l'aine droite, à la période d'augment. C'est à peine s'il pouvait mettre un pied devant l'autre. J'ai, me dit-il, trouvé une excellente place à Périgueux; mais je ne peux bouger et je vais perdre un poste que je ne retrouverai jamais. Je lui promis, sans beaucoup y compter, qu'il pourrait l'occuper à cette époque. La poudre de Vienne fut placée sur le point culminant du bubon. Cet homme vint me voir trois ou quatre jours après ; la suppuration s'était établie par la circonférence de l'escharre, qui se détachait en partie. Il partit en voie de guérison ; je ne l'ai pas vu depuis, mais j'ai appris qu'il occupait l'emploi objet de son ambition.

Le fondeur avait un poulain lui aussi, très-volumineux, mais moins douloureux que le précédent. Je lui appliquai le caustique immédiatement, bien que la douleur fût tout-à-fait à l'état aigu; malgré cela, cet homme ne perdit pas une heure de son pénible travail; la résolution s'opéra très-promptement : à peine si le fonticule suppura. Le caustique modifia la vitalité, *substitua* une irritation artificielle où existait une inflammation essentielle et spécifique. En dix jours le mal était guéri. Les dépuratifs intérieurs, dans ces deux cas, n'ont pas été oubliés.

Des diverses observations dont je viens de faire l'histoire, et de celles des auteurs recommandables que j'ai cités au commencement de ce travail je crois pouvoir conclure : que le caustique est avantageux à toutes les périodes du bubon vénérien, en ce que, eu égard au peu de temps qu'il nécessite pour mener à bien la maladie, eu égard à son innocuité complète, à l'inflammation substitutive, homœopatique, qu'il provoque, il est infiniment supérieur aux anti-phlogistiques, aux émolliens, aux ponctions et aux incisions faites avec le bistouri. A l'appui de nos conclusions, nous ajouterons que M. Taxil (1), chirurgien en chef de l'hospice civil de Lyon, oppose toujours aux inflammations du tissu cellulaire les escharrotiques ; que la poudre de Vienne qu'il a mise en usage dans le bubon vénérien a dépassé ses espérances. L'affection locale, dit-il, fut détruite dans un temps très-court ;

---

(1) *Journal des Connaissances médico-chirurgicales*, cinquième volume, page 145, année 1837.

ce même caustique lui a réussi admirablement dans le cas de décollement de la peau; que M. J. Daime, chirurgien chef-interne de l'hôpital des vénériens de Marseille, réprime en peu de jours, par le fer rouge, les bubons soit à l'état aigu, soit à l'état chronique ; qu'il prévient ainsi les décollemens énormes et les suppurations interminables; qu'il évite, par ce moyen, les cicatrices toujours vicieuses qui résultent des ouvertures faites avec le bistouri ou la lancette. « La cautérisation, dit-il, que je pratique depuis plus » d'un an, toujours avec succès, comme je pourrai le constater » par un grand nombre d'observations que j'ai soigneusement » recueillies, et que je me propose de mettre à jour plus tard, » a des avantages immenses sur toutes les autres méthodes de » traitement. De plus, ajoute-t-il, d'après les bons effets que » j'ai obtenus aussi de la cautérisation sur quelques tumeurs » scrofuleuses à l'état dur, et sur quelques abcès froids, j'es- » père que la cautérisation par le fer rouge deviendra un jour » un traitement général pour tous les engorgemens glandulaires, » bien entendu qu'une seule cautérisation n'est pas suffisante.» (Septième volume du *Journal des Connaissances médico-chirurgicales*, page 66, année 1839.)

### C. *Anthrax benin et malin, furoncle, pustule maligne.*

1° *Anthrax benin.* — C'est une tumeur inflammatoire du tissu cellulaire sous-cutané, et qui *se termine toujours par gangrène.* Il consiste dans l'inflammation de plusieurs des prolongemens que le tissu cellulaire sous-cutané envoie dans les aréoles fibreuses du derme, pour accompagner les vaisseaux et les nerfs qui se portent de la face profonde à la face superficielle de celui-ci. L'anthrax benin se termine par la formation et la chute d'un bourbillon, formé, d'une part aux dépens du tissu cellulaire enflammé, et d'autre part aux dépens des cloisons fibreuses qui séparent les aréoles du derme.

L'anthrax devant se terminer nécessairement par gangrène, il me semble qu'il est rationnel de hâter cette terminaison. Les émolliens, les anti-phlogistiques, les incisions peuvent quelque chose contre la douleur, mais rien contre la mortification du tissu cellulaire. L'inflammation est au *summum* d'intensité ; elle n'est plus compatible avec la vie. Si j'augmente de quelques degrés, au moyen d'une application de potasse caustique, cette phlogose du tissu cellulaire *emprisonné*, j'entraîne immédiatement la mortification de la peau, des aponévroses sous-jacentes, qui sont incompressibles, et qui offrent une barrière insurmontable au développement de la tumeur ; j'ouvre une issue aux bourbillons, tout en ajoutant à leur inflammation excessive un ou deux degrés en sus pour en entraîner au plus vite la gangrène.

La tension douloureuse et pongitive qui entretenait la fièvre, qui retentissait sur les viscères abdominaux, et même sur l'encéphale, finit avec la mort des parties, avec la cessation de la compression cruelle de la tumeur. D'ailleurs, qui peut le plus peut le moins; car, comme nous le verrons plus tard, on peut, dans une tumeur enkystée, dont les enveloppes sont *parcheminées*, en attaquant la peau avec la potasse caustique, donner une issue au noyau qui la constitue, modifier ce kyste dans sa vitalité, de sorte qu'il n'adhère plus aux parties circonvoisines, et qu'on l'extrait par une simple et facile énucléation ; *à fortiori* donc, la chute hâtive des bourbillons est-elle provoquée par la potasse caustique ou la poudre de Vienne.

Deux fois je me suis convaincu de ce que j'avance, et je ne ferai pas l'histoire des deux cas d'anthrax que j'ai traités par la potasse. Il y a si peu de différence entre ce dernier et le phegmon, que ce serait presque une *redite*. D'ailleurs notre course est longue, et nous ne pouvons consacrer plus d'espace à ce sujet.

2° *Furoncle*. — Si la tumeur qui le constitue est de même nature que celle de l'anthrax proprement dit, si elle n'en diffère que parce qu'elle ne recèle qu'un seul bourbillon, il est évident qu'on doit la traiter de la même manière par le caustique ; cependant il y a moins d'urgence d'en agir ainsi que dans le premier cas, et je ne voudrais pas qu'on m'accusât de prendre la massue pour écraser des moucherons.

3° *Anthrax malin, ou charbon*. — Cette tumeur se développe dans le tissu cellulaire sous-cutané; elle est formée, comme tous les praticiens le savent, par une grosseur dure et circonscrite, très-douloureuse, avec tension et chaleur brûlante dans le tissu cellulaire; rougeur livide de la peau, au centre de laquelle s'élèvent bientôt des phlyctènes qui se crèvent et se convertissent en une escharre noirâtre, gangréneuse. Il n'y a qu'une voix pour le traitement local de cette affection : inciser l'escharre et cautériser, soit avec le fer rouge, soit avec le chlorure d'antimoine, soit avec les acides sulfurique ou chlorhydrique ; puis panser, après la chute de la partie mortifiée, comme pour une plaie simple. Je ne dois pas m'occuper ici du traitement interne.

4° *Pustule maligne.* — Cette expression est pour beaucoup d'auteurs synonyme de celle de *charbon.* L'une de ces affections est inoculée, c'est la première, et l'autre spontanée ; l'une est centripète et l'autre centrifuge. Dans le charbon, les accidens généraux précèdent la formation de la tumeur ; dans la pustule maligne, c'est la tumeur au contraire qui ouvre la scène à la maladie. Si la cautérisation est rationnelle dans le charbon, elle est de toute nécessité dans la pustule maligne, et on doit l'employer immédiatement dans la première période, où il se dessine sur la peau un point semblable à une morsure de puce, qui occasionne de la chaleur et de la démangeaison ; il est bien difficile de la reconnaître à ce degré ; cependant, il se forme une petite phlyctène qui s'ouvre, et sous laquelle est un petit tubercule rénitent, livide, et de la forme d'une lentille. A la seconde période, l'auréole qui entoure le susdit tubercule lentiliforme prend une couleur brune ; la douleur, la cuisson et le gonflement augmentent ; il se forme de nouvelles phlyctènes ; le tubercule central se gangrène ; le mal gagne le tissu cellulaire, puis les muscles et les parties profondes.

La cautérisation, à cette dernière période, est encore indiquée; mais on ne peut compter sur un succès, qu'on aura droit d'attendre, si on brûle immédiatement la partie où a eu lieu l'inoculation de l'agent septique.

## D. *Panaris, onyxis, engelures.*

1° *Panaris.* — C'est une tumeur phlegmoneuse, développée dans un point quelconque de l'étendue des doigts ou des orteils. On en distingue quatre variétés : 1° celui qui a son siége entre l'épiderme et la peau, connu vulgairement sous le nom de *tourniole;* 2° celui qui réside dans le tissu cellulaire sous-cutané ; 3° celui qui occupe la gaine des tendons et leurs synoviales ; 4° enfin, celui qui semble dû à l'inflammation du périoste.

N'y a-t-il qu'un seul panaris, eu égard à la nature de l'affection, et les quatre espèces ci-dessus citées ne sont-elles que des degrés différens du même mal, ou, en d'autres termes, la tourniole, le panaris du tissu cellulaire peuvent-ils se transformer successivement en ceux de la troisième et quatrième espèce ?

Un des collaborateurs du *Bulletin médical*, M. Puydebat, pense, avec le professeur Roux, que les quatre espèces de panaris sont parfaitement distinctes, et qu'elles ne se transforment jamais d'une espèce en une autre; qu'elles sont dès le principe ce qu'elles seront à leur *summum* d'intensité (1).

Moins la tourniole, qui se termine toujours par suppuration, les trois autres espèces finissent *par la gangrène et la nécrose*. Cette terminaison fatale ne peut être évitée par un traitement quelconque; donc il est rationnel encore de hâter cette terminaison nécessaire par les caustiques, lesquels modifieront d'une manière très-avantageuse les tissus ambians non mortifiés, où existe une inflammation vive, mais encore compatible avec la vie; ils empêcheront ainsi la propagation du mal, qui peut envahir le bras en entier, et s'opposeront encore à la résorption purulente qui ne peut manquer d'avoir lieu dans cette dernière circonstance.

Le panaris est le plus souvent causé par une piqûre d'épingle, d'aiguille, d'épine, etc.; rarement il est spontané.

On croit vulgairement, et je partage cet avis, que dès qu'on ressent les premiers élancemens dans le doigt, élancemens qui annoncent ou qui font craindre *le mal d'aventure*, il faut plonger plusieurs fois cette extrémité dans l'eau bouillante pour faire avorter le mal près d'éclater. Toute piqûre au doigt doit être cautérisée comme si elle était due à un instrument malpropre, parce qu'on ne peut savoir ce qui peut arriver, et que la plupart du temps il survient un panaris qu'on aurait évité, en agissant comme si on avait affaire à une plaie venimeuse. On peut à cet effet se servir d'azotate d'argent ou d'acide nitrique.

Si dans l'imminence du panaris on doit cautériser, *à fortiori* doit-on le faire quand l'affection est développée, et qu'on ne peut concevoir le moindre doute sur son diagnostic.

---

(1) Septième volume du *Bulletin médical du Midi*, article PANARIS, page 1re.

« Foubert ayant éprouvé plusieurs fois l'insuffisance des in-
» cisions pour calmer l'irritation des parties affectées et arrêter
» les progrès de l'inflammation, osa appliquer un trochisque,
» fait avec le sublimé corrosif et la mie de pain, sur l'extrémité
» d'un des tendons fléchisseurs d'un doigt qui avait été blessé.
» Il fit cette application dans le temps où la douleur, l'inflam-
» mation et l'engorgement de tout le membre étaient à leur plus
» haut période ; et loin que l'action du caustique augmentât les
» accidens, il les diminua en très-peu de temps, et le malade fut
» bientôt guéri. Enhardi par ce premier succès, Foubert cher-
» cha et trouva les occasions d'employer sa nouvelle pratique
» dans le traitement du panaris. On prétend qu'elle lui réussit
» presque constamment, même dans ceux qui avaient le plus de
» violence. Lorsque les accidens étaient pressans, au lieu de
» faire de grandes incisions, il se contentait de découvrir le
» point primitivement affecté, et d'y appliquer un caustique qui
» dissipait l'orage, en détruisant la sensibilité de la partie souf-
» frante dans ce point. Foubert fit part à l'académie de chirur-
» gie de sa méthode et de ses succès ; cette méthode fut accueil-
» lie par les uns, blâmée par les autres. Aujourd'hui elle est
» entièrement abandonnée. » (Boyer, *OEuvres chirurgicales.*)

M. le docteur Bordes (*Journal des Connaissances médico-chirurgicales*, septième volume, 232) se demande si le panaris d'aujourd'hui n'est pas ce qu'il était du temps de Foubert, et puisque cet homme célèbre a toujours réussi, pourquoi cette méthode est-elle tombée dans l'oubli? « L'idée de cautériser
» le panaris m'est venue, dit-il, depuis l'article de Boyer ; il me
» serait impossible de dire le nombre de malheureux à qui j'ai
» évité l'atroce douleur de l'incision, et à qui j'ai conservé les
» doigts. »

Voici quel est son mode de traitement :

Quelle que soit la cause du panaris, il applique un emplâtre semblable à celui dont on fait usage pour établir un cautère ; il place, suivant l'activité de la douleur, deux grains de potasse caustique, plus ou moins, sur le siége douloureux : quelques heures après, la douleur cesse instantanément ; des cataplasmes émolliens sont appliqués, une légère suppuration arrive, et en quelques jours le malade est guéri.

Ce traitement, continue-t-il, est, sous tous les rapports,

bien préférable à l'incision, à laquelle tous les malades répugnent et surtout les femmes. J'ai fait part, dit M. Bordes, à plusieurs de mes collègues de cette pratique, et tous m'en ont remercié, après l'avoir mise en usage.

Je n'ai eu dans ma pratique, depuis quelques mois, qu'un seul cas de panaris, et je l'ai traité avec succès par les caustiques. Mme R...., femme de quarante-quatre ans, portait au doigt indicateur droit, à l'articulation de la première avec la seconde phalange, une tumeur de cette nature, due à un coup d'aiguille ; comme l'enflure s'étendait tout autour du genglyme phalangien, j'y appliquai, à droite et à gauche, un morceau de potasse caustique, de manière à faire deux petits cautères : cela suffit pour arrêter et borner le mal.

2° *Onyxis, ongle rentré dans les chairs ; ongle incarné.*—L'analogie de cette affection avec le panaris me fait la décrire immédiatement après lui ; non pas que l'inflammation du tissu cellulaire soit primitive dans l'onyxis, elle n'arrive qu'après celle de la matrice de l'ongle et du derme voisin ; mais c'est presque le panaris des orteils, et c'est pour cela que je ne me fais pas scrupule de les mettre côté à côté dans la classification un peu arbitraire que j'ai cru devoir adopter.

Le traitement de l'ongle incarné par les caustiques n'est pas nouveau. Il remonte à Paul d'Égine et Albucasis ; mais, parmi les modernes, c'est M. le docteur Barbette, de Niort, qui, le premier, en 1839, donna une observation intéressante de guérison d'onyxis ; voici son procédé : il entoure, avec beaucoup de précautions, toute la rainure de l'ongle avec plusieurs petites bandes de sparadrap superposées ; il en fait autant sur l'ongle lui-même, en ayant soin de décrire bien exactement le contour qu'il fait du côté de la rainure. Les choses étant dans cet état, il remplit l'espace qu'il avait laissé entre ses bandelettes, espace qui est d'une demi-ligne environ, de dix grains de potasse caustique, et il recouvre le tout de bandes de sparadrap, de charpie et de linge. « Douze heures suffisent, dit M. Barbette, pour détacher entièrement l'ongle rentré dans les chairs. On voit, de prime-abord, continue l'auteur, tous les avantages qui sont offerts par ce procédé, que je soumets bien volontiers à l'expérience de mes confrères. Premièrement, on obtient par lui, dans quelques heures, et, pour ainsi dire, sans douleur, la destruction de la cause du mal ; ensuite, comme la potasse agit en cautérisant la matrice de l'ongle, on n'a pas à craindre la récidive, comme dans la méthode par l'arrachement. Ainsi, par mon procédé, j'offre donc au malade une guérison prompte, et j'évite au chirurgien l'emploi de deux moyens presque barbares, l'arrachement et l'application du feu. » (*Journal des Connaissances médico-chirurgicales*, numéro de novembre 1839, page 197.)

M. le docteur J. Lorraine, d'Orléans, répondit à l'appel de M. Barbette (même journal, juin 1840, page 232). Huit heures après l'application de la potasse sur l'orteil malade, il leva l'appareil, et trouva toute la portion de l'ongle ayant supporté le caustique boursoufflée et noircie ; après un bain d'eau de guimauve, il enleva l'ongle en le renversant de la matrice vers le bord libre. L'application du caustique, le renversement de l'ongle ne causèrent qu'une douleur légère et très-supportable.

M. Lorraine met en parallèle cette méthode avec celle de Guillemot, Desault, Dupuytren et Lisfranc, et fait entrevoir l'avantage immense qu'elle a sur la leur.

M. Bordes dit (même journal, même page) : « Je viens ajouter à l'observation de mon collègue, M. Barbette, une, et je pourrais dire plusieurs observations antérieures. La première personne guérie par la cautérisation, c'est moi. En 1817, j'étais affecté d'une cruelle maladie (l'ongle incarné) ; c'était le gros orteil du pied droit, et la partie externe de cet ongle qui rentrait dans les chairs. Après avoir inutilement employé plusieurs moyens, je fus consulter le célèbre professeur Boyer, et lui parlai de la cautérisation. Après mûre réflexion il y consentit, et j'appliquai trois grains de potasse... Le succès dépassa notre attente, et, après la chute de l'escharre, je fus parfaitement guéri. » M. Bordes ayant eu une récidive au bout de cinq ans, voici quel fut le traitement qu'il adopta :

Il cautérisa la partie malade assez profondément avec le nitrate d'argent fondu ; il introduisit un peu de charpie râpée entre l'ongle malade et les chairs ; il soutint le tout d'une bandelette de diachylon gommé, et put, de cette manière, vaquer à ses affaires. Les premières heures, il éprouva de la gêne plutôt qu'une véritable douleur, et, après ce temps, il ne sentit plus rien. Toutefois ce moyen n'est que palliatif, car tous les ans, au temps des chaleurs, M. Bordes éprouve la même incommodité, et a recours toujours, avec un prompt succès, au même procédé opératoire. Cependant ce médecin a employé ce dernier mode de cautérisation en 1825, avec un plein succès, chez un jeune cultivateur. « J'ai eu occasion de l'employer plusieurs fois, dit M. Bordes, et toujours avec le même succès ; je l'ai indiqué à plusieurs collègues. »

M. le docteur Gourjon (F.-Gédéon), médecin à Condé-sur-Noireau (Calvados), écrivait au journal déjà cité : « J'ai lu, dans votre numéro de novembre dernier, un traitement de l'ongle incarné, par M. Barbette, de Niort, lequel fait un appel à ses confrères pour le soumettre à leur expérience. Je viens, en conséquence, faire l'historique d'un cas semblable, combattu par le même agent thérapeutique, il y a sept ans environ. C'est un jeune homme de vingt-quatre ans qui fait le sujet de l'observation. L'ongle incarné dans son orteil avait été opéré une première fois à l'Hôtel-Dieu de Paris, par arrachement. Le malade se crut guéri, reprit son travail ; puis l'ongle de repousser encore d'une manière vicieuse et de provoquer des douleurs intolérables : un second arrachement est effectué. Le patient, doué d'un grand courage, n'y consentit qu'avec peine, et a eu le malheur de voir repulluler son ongle. Une troisième opération devenait nécessaire ; mais le malade préférait mourir que de s'y soumettre. M. Gourjon ayant été appelé, lui proposa la cautérisation, à laquelle le patient se résigna de grand cœur. Gros de potasse comme un haricot fut placé au-devant de la matrice unguéale, avec les précautions requises pour s'opposer à la fusion du caustique. L'ongle tomba seul au bout de deux ou trois jours. Il ne s'est jamais reproduit. »

« Si, dit M. Gourjon (Gédéon), j'ai la priorité bien évidente de » ce procédé sur notre confrère de Niort, je n'y attache aucune » importance ; tout l'honneur en est à M. Barbette, qui l'a » publié le premier. Peut-être cent praticiens s'en étaient-ils » servis avant nous, et sans doute que nos deux observations ont » seulement le mérite de *novè si non novæ*.... Puissent ces deux » observations consciencieuses et parfaitement identiques faire » abandonner l'arrachement ou l'excision, méthodes vraiment » barbares et vaines presque toujours, et des plus cruelles de la » chirurgie ! La bénignité de notre procédé l'emporte de beau- » coup sur tout autre. Espérons, ajoute-t-il, que, grâce aux pro-

» grès de la science et aux découvertes récentes, le cadre des » opérations sanglantes se rétrécira indéfiniment, et nous obli- » gera de moins en moins au rôle de *lanio-doctores*, appella- » tion dérisoire qu'Harvey donne aux médecins toujours prêts » à répandre le sang dans la curation de nos maux. »

Vient enfin M. Payan, le grand propagateur de l'emploi des caustiques dans les affections chirurgicales, qui a perfectionné le procédé opératoire adopté par les médecins dont je viens de parler. Ce procédé a pour but de détruire avec le moins de douleur possible la partie de la matrice unguéale qui correspond directement au bord de l'ongle incarné, en respectant le reste de cet organe sécréteur, de telle sorte que, quand l'onyxis n'est que d'un côté, la guérison s'obtient, quoiqu'on conserve encore à l'orteil les trois quarts ou les deux tiers de l'ongle. C'est par la poudre de Vienne que M. Payan est parvenu à ce beau résultat.

Sur le bord externe du gros orteil, où le mal existe le plus souvent, il taille avec les ciseaux un morceau de diachylon bien agglutinatif, de manière qu'il ait la forme de l'ongle, et qu'il le recouvre facilement, en ayant soin de ménager une échancrure étroite, semi-lunaire, correspondante à la partie de la matrice unguéale qui nourrit le bord rentré dans les chairs, et dont il veut produire la mortification. Par-dessus est placé un second morceau de diachylon plus étendu, et qui, recouvrant la peau de la portion dorsale de la phalange unguéale, présente aussi une échancrure correspondante à la précédente; une bandelette de diachylon, dirigée obliquement en dedans, est placée au côté de l'orteil, et finit par établir un espace allongé, triangulaire, dans lequel on aperçoit l'extrémité externe de la rainure unguéale postérieure, un peu des tégumens voisins et la rainure externe. C'est dans ce petit triangle qu'on met la poudre calcio-potassique, laquelle doit être recouverte par une nouvelle bandelette. Le pied est penché en dehors; on laisse l'appareil de quinze à vingt minutes. Voici ce qui se passe : le caustique, par sa propriété corrosive, détruit la peau avec laquelle il était en contact, ainsi que la partie correspondante de la matrice de l'ongle, celle-là même de laquelle dépend le bord vicieusement dirigé. On peut hâter la guérison, en incisant avec des ciseaux à lame étroite la partie de l'ongle qui entrait dans les chairs, et qui n'est plus susceptible de se reproduire. S'il s'agissait d'un onyxis bilatéral, il ne faut pas faire tomber en entier la matrice de l'ongle, comme le pratiquent, pour toutes les espèces, MM. Barbette, Bordes, Labat, Carré, etc. Il faut faire deux applications isolées de poudre de Vienne sur les deux extrémités de la rainure postérieure de l'ongle et de sa matrice, après avoir pris des précautions pour en protéger le restant. On peut conserver ainsi les deux tiers moyens de l'ongle, ce qui est fort avantageux pour le malade. M. Payan fait l'histoire d'un onyxis unilatéral guéri en dix-huit jours. « Ainsi, dit-il, nous avons guéri l'ongle incarné d'une manière radicale, en conservant les deux tiers de l'organe, sans extirpation, sans instrument tranchant, et avec très-peu de douleur. Y a-t-il maintenant un seul des procédés chirurgicaux adaptés à cette maladie qui eût pu nous donner un résultat aussi favorable ? Évidemment non : on a obtenu tout ce que l'on pouvait demander de plus satisfaisant. »

J'ai eu à traiter deux cas d'onyxis bilatéral chez M. Pelletan, jeune homme de dix-huit ans, sur le gros orteil gauche ; je l'ai traité par la potasse caustique. Il y a de cela plus d'un an : je n'ai pas vu de récidive ; l'onyxis du gros orteil droit, cautérisé par la poudre de Vienne, ne m'a pas donné le même résultat avantageux. Je pense que cela tient à ce que la poudre calcio-potassique n'était pas récemment préparée, et que la cautérisation fut insuffisante.

Ce jeune homme a si peu souffert de ces deux opérations, qu'il me prie journellement de le débarrasser de son mal, en prenant mieux nos mesures. Je puis affirmer qu'il n'a pas gardé le lit un seul jour, qu'il marchait à l'aide d'un bâton le jour même de la cautérisation. Je dois dire aussi que la chute de l'ongle s'est fait plus long-temps attendre que chez les malades de MM. Barbette et Bordes.

3° *Engelures.* — On donne ce nom à une espèce de phlegmon occasionné par le froid. Tant que les engelures ne sont pas très-gonflées, on fait usage de l'acide hydro-chlorique étendu d'eau, en lotions ; c'est, comme on le voit, une espèce de cautérisation. On doit toucher les chairs fongueuses des engelures ulcérées avec l'azotate d'argent, ou recourir à la cautérisation objective, pratiquée en approchant de la partie malade un charbon incandescent. M. le docteur Fricke, d'après la recommandation de

Gambarini, emploie pour les engelures le traitement de ce dernier dans les brûlures, c'est-à-dire la cautérisation des ulcères avec le nitrate d'argent. (*Medicinische Zeitung Encyclograph.*, 1838.)

## DES CAUSTIQUES DANS LES NÉVRITES, LES NÉVRALGIES ET LES NÉVROSES.

La névrite est l'inflammation de la pulpe nerveuse, ou du névilème. Il y a une véritable phlegmasie, avec les quatre caractères essentiels qui la distinguent, savoir : *douleur* au plus haut degré, *rougeur*, *chaleur* intense, et *tumeur* (témoin la névrite dentaire) souvent considérable. Dans la classe des névrites, je comprends la cérébrite, la cérébellite, la myélite et l'encéphalite, qui est l'inflammation générale de l'axe cérébro-spinal, puis la névrite proprement dite.

Dans la névralgie on remarque une douleur vive, exacerbante ou intermittente, qui suit le trajet d'une branche nerveuse et de ses ramifications, sans *rougeur*, sans *chaleur*, sans *tension* ni *gonflement*. Chaussier en admettait neuf espèces : 1° la névralgie frontale ou tic douloureux ; 2° la névralgie sous-orbitaire ; 3° la névralgie maxillaire ; 4° l'ilio-scrotale ; 5° la fémoro-poplitée ou névralgie sciatique ; 6° la fémoro-prétibiale ; 7° la névralgie plantaire ; 8° la cubito-digitale ; 9° les névralgies anormales, par exemple, les gastralgies, les otalgies, etc.

On donne le nom générique de *névroses* à des maladies qu'on suppose avoir leur siége dans le système nerveux, et qui consistent dans *un trouble idiopathique des fonctions*, sans lésion sensible dans la structure des parties et sans agent matériel qui les produise.

Ainsi donc dans la névrite il y a le plus souvent :

Douleur, rougeur, chaleur et tumeur ;

Dans la névralgie :

Douleur exacerbante ou intermittente, sans rougeur, sans chaleur, sans tension, ni gonflement.

Dans les névroses il y a des douleurs sans doute ; mais elles consistent principalement dans un trouble idiopathique des fonctions, sans lésion de tissu, sans agent matériel qui les produise.

Je ne doute pas qu'on ne puisse confondre souvent ces trois affections ; mais il me semble qu'avec un peu d'attention on les diagnostiquera hardiment.

Le père de la médecine et de la chirurgie a dit, il y a quelques centaines de siècles : *Quœ ignis non sanat insanabiliter.*

Aussi, nos devanciers, qui croyaient à l'infaillibilité de l'oracle de Cos, s'évertuèrent-ils à essayer du feu ou des caustiques dans toutes les maladies graves et difficiles à guérir.

## § Ier. — *Névrite.*

Je crois devoir comprendre, comme je l'ai dit, sous le nom de névrites, la cérébrite, la cérébellite et la myélite. L'apoplexie sanguine de l'axe cérébro-spinal offrant à peu près les mêmes symptômes, quoique d'une manière plus brusque, que ceux de l'inflammation, proprement dite, du cerveau, le traitement étant d'ailleurs identique, je n'ai pas cru devoir la séparer de celle-là, pas plus que la méningite.

M. Martinet est le premier médecin qui se soit occupé de la névrite proprement dite. Cette maladie, dit-il, affecte les hommes, les adultes, les sujets forts et sanguins, tandis que la névralgie s'observe, plus fréquemment, chez les femmes, les hystériques surtout, et, parmi les hommes, chez les sujets nerveux, mélancoliques, irritables. Les causes qui produisent la névrite sont en général violentes ; celles qui amènent la névralgie sont inaperçues. La pression est très-douloureuse dans la première, elle soulage au contraire dans la seconde.

1° *Cérébrite.* Les lésions du mouvement, du sentiment, de l'intelligence sont les principaux chefs auxquels peuvent se rattacher les symptômes qui sont propres aux altérations de l'axe cérébro-spinal.

La cérébrite existe rarement isolée. Ce qui en rend le diagnostic des plus embarrassans, c'est la similitude qui existe entre ses symptômes d'excitation et ceux de l'arachnitis, et entre ses symptômes de collapsus et ceux de paralysie. M. Lallemand les distingue ainsi : dans l'apoplexie, paralysie subite sans symptômes spasmodiques ; dans la cérébrite, symptômes spasmodiques, paralysie lente et progressive, marche inégale et intermittente.

Les caustiques étaient hardiment employés par nos devanciers. Dans cette redoutable maladie, l'*ustion syncipitale* était le moyen obligé, qui, après les saignées, avait le plus de faveur ; mais c'est avec justice qu'on en a proscrit l'emploi dans la cérébrite aiguë. M. B. a fait la nécropsie d'un enfant à qui on avait appliqué un moxa sur le synciput ; il a vu que toutes les parties sous-jacentes, y compris la pulpe cérébrale, avaient pris leur part de cette brûlure. Les méninges adhéraient au crâne et au cerveau ; celui-ci présentait, *loco usto*, après qu'on eut déchiré l'adhérence, une inflammation très-patente, avec suppuration, de la même forme, du même diamètre, que l'ustion circulaire du cuir chevelu.

De nos jours, cependant (*Bulletin de Thérapeutique*, 15 et 30 septembre 1834), M. Caron du Villars a publié un travail intitulé : *De l'ustion syncipitale employée dans la période extrême de l'hydrocéphalite aiguë chez les enfans*. Cet article renferme plusieurs cas de guérison obtenus au moyen de l'ustion syncipitale, laquelle était pratiquée, tantôt avec une éponge imbibée d'eau bouillante, tantôt avec l'essence de térébenthine appliquée sur le cuir chevelu et enflammée, tantôt avec le marteau de Mayor de Lausanne (1).

L'hydrocéphalite aiguë succède à l'arachnitis, qui, elle-même, est rarement seule ; le cerveau participe, plus ou moins, à l'état inflammatoire circonvoisin. Il s'ensuit que, si l'ustion syncipitale a pu réussir dans la méningite qui est plus antérieure, *à fortiori* devrait-elle être couronnée de succès dans la cérébrite. La doctrine physiologique condamne, néanmoins, cette pratique aventureuse que je n'entreprendrai pas de justifier.

J'ai lu, dans un journal d'Hufland, que l'hydriodate de po-

(1) L'application répétée à 65 degrés modifie superficiellement le derme, mais produit toujours la vésication. Entre 55 et 65 degrés, le marteau de Mayor provoque le plus ordinairement une vésication sans mortification ; on voit que ce genre de cautérisation est bien plus doux que tous les autres.

tasse, à la dose de 4 grammes d'hydriodate dans 15 grammes d'eau distillée, dont on donne 30 gouttes dans un verre d'eau sucrée, toutes les heures, a eu, sur trois observations citées d'hydrocéphale aiguë, deux succès; elles se sont terminées heureusement par une éruption sur la peau de tumeurs purulentes. L'hydriodate de potasse a agi dans ces cas comme *caustique indirect*, soit que l'irritation des voies digestives ait, par *consensus*, provoqué celle du tégument externe, soit que, par voie d'absorption et par suite d'élimination, il ait irrité localement le derme sur lequel il se trouvait placé avant d'être poussé au dehors. J'ai observé ce genre d'éruption, maintes fois, dans les pneumonies traitées par la méthode de Rasori.

Dans l'apoplexie sanguine on a donné avec quelque succès l'ammoniaque liquide à l'intérieur, à la dose de 25 gouttes dans une verrée d'eau fraîche. Ce caustique agit alors comme diffusible, ou plutôt comme modificateur, comme caustique indirect. M. Ducros, de Marseille, nous fournira plus tard matière à expliquer le *modus faciendi* de cet agent.

M. Gavarret, docteur-médecin à Astaffort, disait (en 1834, numéro de septembre, *Journal des Connaissances médico-chirurgicales*) : « Dans les premières années de ma pratique, j'eus le » malheur de perdre plusieurs malades attaqués d'apoplexie, » et pourtant j'avais la conviction intime d'avoir scrupuleuse- » ment suivi les préceptes de mes maîtres. Le hasard, en » 1811, me procura le mémoire de Sage, sur l'alkali volatil » fluor. Je lus, avec surprise, les effets de cette substance dans » un cas d'apoplexie foudroyante. Depuis cette époque, j'associe » d'une main plus hardie l'ammoniaque aux autres moyens » prescrits pour le traitement de l'apoplexie qui me paraît » sanguine, et j'en obtiens quelquefois les résultats les plus » avantageux :

» 1re observation. — Le 28 juillet 1816, Antoinette Duhart, » femme Delubé, tombe sans connaissance. Stupeur générale ; » balbutiement ; yeux rouges et étincelans ; face livide ; veines » jugulaires gonflées ; respiration lente et difficile ; pouls plein » et dur ; nausées. Saignée, puis 25 gouttes d'ammoniaque dans » un verre d'eau fraîche. La malade revient un peu à elle. » Vingt sangsues aux malléoles internes ; puis je donne encore » 20 gouttes d'ammoniaque dans un demi-verre d'eau fraîche

» toutes les heures. » La paralysie n'a pas persisté ; cette femme est revenue à l'état normal.

La deuxième observation a trait à un vieux forgeron de quatre-vingt-cinq ans, adonné au vin. Le 13 janvier 1817, il tombe évanoui, et rend par la bouche une écume sanglante. La face est plombée, les yeux fixes et larmoyans ; il y a coma, aphonie, distorsion de la bouche, mouvemens convulsifs, respiration lente et stercoreuse; pouls plein et rare. Même traitement. Le bras seulement reste paralysé quelques jours et engourdi pendant environ trois mois.

Deux moyens étant employés à la fois, il est difficile de dire la part que chacun peut avoir à la cure d'une affection ; la saignée peut revendiquer le succès que M. Gavarret attribue à l'ammoniaque. Je n'ai employé qu'une fois ces deux moyens combinés (saignées et ammoniaque) dans l'apoplexie sanguine foudroyante, et le sujet de l'observation est parfaitement revenu à l'état normal, après avoir traîné la jambe du côté où était la paralysie pendant trois ou quatre mois seulement.

La paralysie, qui résulte de l'apoplexie, le plus souvent relève des caustiques ; et, sans compter les révulsifs puissans, tels que moxas, cautères, vésicatoires, appliqués sur le tégument externe, on a usé avec succès des mêmes moyens sur le tégument interne avec toutes les précautions qu'exige la muqueuse gastro-intestinale. John Kowitz emploie la teinture suivante :

Phosphore................ 10 centigrammes.
Essence de térébenthine. 2 grammes.

Faites dissoudre, puis ajoutez :

Essence de calamus...... 1 gramme.
Éther sulfurique.......... 8

Mêlez et conservez dans un flacon *noir* exactement bouché.

On donne la teinture de Kowitz à la dose de six gouttes, toutes les demi-heures, sur du sucre. L'auteur de cette recette a, dans un cas de paralysie de la langue des plus rebelles, porté la dose jusqu'à vingt gouttes, et, sous l'influence de ce traitement énergique, il a réussi complètement. (*Annuaire de Thérapeutique*, de Bouchardat, 1843, page 81.)

Le phosphore, pris intérieurement, a été vanté dans la fièvre adynamique comateuse; dans ce cas, on a affaire à une véritable *méningo-cérébrite*, et cela rentre dans ce que j'ai dit plus haut sur la cérébrite proprement dite.

L'ammoniaque liquide, à la dose de vingt gouttes dans un verre d'eau sucrée, est préconisée dans les fièvres graves cérébrales, pour faire sortir le malade de l'état de stupeur où il est plongé. M. Massuyer, le premier, l'a donné dans l'ivresse, et a fait cesser promptement cet état de congestion et d'irritation du cerveau, que produisent les alcooliques ingérés dans les voies gastriques.

Les recueils périodiques sont remplis de faits qui démontrent l'efficacité de l'ammoniaque liquide employée dans l'ivresse.

Le docteur Piazza cite deux observations intéressantes que je vais rapporter :

Un tambour but, en peu d'instans, deux bouteilles de vin blanc et une demi-bouteille d'eau-de-vie ; on le rapporta ivre-mort. On mit vingt gouttes d'ammoniaque dans cent vingt grammes d'eau et on lui en fit avaler trois cuillerées. Six minutes après, il balbutie quelques mots ; on réitère la même dose, et, peu après, il avale le reste du verre. Bientôt il se met sur son séant, urine copieusement, et deux heures étaient à peine écoulées qu'il ne restait plus de traces d'ivresse.

Un autre soldat, après avoir bu une énorme quantité de cidre et d'eau-de-vie, fut pris d'attaques convulsives et de perte de connaissance.. L'ammoniaque, donnée de la même manière que dans le cas précédent, fit cesser complètement les accès convulsifs, et en deux heures l'ivresse était complètement dissipée. (*Bulletin général de Thérapeutique*, du 30 avril 1834.)

J'ai vu à Labastide un nommé Périgord, portefaix, ex-soldat de l'empire, qui avait fait les guerres d'Italie et du Nord. Cet homme, enclin à la boisson, paria d'avaler, coup sur coup, six bouteilles de vin, *à goulot*, et sans désemparer. Il gagna le pari ; mais il tomba presque immédiatement ivre-mort. On le plaça sur un fumier pour le réchauffer (car il faisait froid) : c'est là que je le vis et que je commençai à lui faire avaler l'eau et l'ammoniaque. A la seconde dose, il donne signe de vie, il balbutie quelques paroles, et peut s'asseoir un instant. On le transporta chez lui ; la potion ammoniacée fut continuée, et l'ivresse se dissipa en quelques heures.

Les choses les plus absurdes, les plus dégoûtantes, peuvent

quelquefois trouver une explication rationnelle à l'observateur attentif. J'ai plus d'une fois été révolté à l'idée de penser que des gens du peuple buvaient de l'urine lorsqu'ils se croyaient enclins à l'apoplexie, afin de prévenir cet accident, et que, durant l'attaque, on faisait boire cette liqueur excrémentielle aux malheureux frappés de cette affection foudroyante. Eh bien! sauf la répugnance que doit inspirer un liquide aussi impur, on voit déjà, par les observations citées ci-dessus, où l'ammoniaque et le phosphore ont paru agir favorablement et d'une manière à peu près incontestable dans les apoplexies, que l'urine, qui contient des proportions assez considérable de sels de phosphore et d'ammoniaque, peut et doit agir, par *consensus*, de l'estomac sur le cerveau, et y imprimer une modification salutaire. Je ne prétends pas me constituer le défenseur de cet abject médicament; j'ai voulu seulement rappeler ce *modus faciendi* du vulgaire, qui se pratique de tradition immémoriale, et qui a, peut-être, donné l'éveil aux thérapeutistes qui ont conseillé ces deux agens dans les congestions et l'apoplexie cérébrales.

« La méthode qui tend à affranchir la thérapeutique du joug de la spéculation scientifique; qui lui permet de se diriger sûrement, alors que la théorie n'éclaire pas sa marche, qui, jusqu'à un certain point, peut sauver l'art de l'incertitude de la science proprement dite, c'est l'empirisme, ou l'observation directe des résultats des diverses médications appliquées au traitement des maladies. » (*Bulletin général de Thérapeutique*, janvier 1844, page 5.)

De même que sous le nom générique de *cutite* on décrit des affections très-diverses, quant à la forme et à l'intensité, *verbi gratiâ* l'érythème et l'érisypèle phlegmoneux, de même, sous la dénomination de cérébrite, je comprends plusieurs affections qui diffèrent grandement, eu égard à leur gravité et à leur nature. L'ivresse est, pour ainsi dire, par rapport au cerveau, ce qu'est la rougeur exagérée des joues, après une émotion vive de l'âme; ce n'est qu'une congestion passagère. Le *delirium tremens*, dont je vais m'occuper, est un peu plus sérieux; c'est, pour ainsi parler, l'érythème du cerveau. La cause permanente de l'ivresse réitérée a imprimé sur cet organe une trace moins fugace que dans l'ivresse pure et simple; aussi l'inflammation de la pulpe cérébrale peut lui succéder.

Depuis long-temps je traitais les divers cas de *delirium tremens* qui s'offraient à ma pratique comme l'ivresse pure et simple, sauf à recourir à la saignée quand besoin était. J'avais agi par voie d'induction. Je croyais être le premier qui en eût eu l'idée ; je m'étais trompé : M. Brachet de Lyon (*Journal de Médecine de Lyon,* décembre 1843) en avait eu l'idée dès l'année 1829.

Une dame, en désespoir, avait avalé une chopine d'eau-de-vie pour s'empoisonner. L'ivresse due à l'alcool était finie ; un *délire vigil* l'avait remplacée. M. Brachet eut l'idée de traiter cette conséquence de l'ivresse comme l'ivresse elle-même. Il prescrivit l'ammoniaque liquide à la dose de vingt gouttes, dans un julep administré par cuillerées, d'heure en heure. Le breuvage n'était pas achevé que la malade était rentrée dans son état normal.

Depuis lors, ce médecin a employé quatre fois, avec un plein succès, l'ammoniaque dans des cas de *delirium tremens*. Il conclut, par les résultats avantageux qu'il en a obtenus, que l'ammoniaque liquide, donnée à la dose de quinze à vingt gouttes par jour, doit être regardée comme un très-bon et peut-être comme le meilleur moyen contre le *delirium à potu*. Cet alcali, dit-il, paraît agir d'autant plus sûrement et promptement, que le délire est, en quelque sorte, plus aigu, et qu'il dépend d'un usage moins prolongé des boissons spiritueuses.

Je vais citer deux observations qui me sont propres.

Le 25 mars 1842, je fus appelé, à Labastide, pour donner des soins au nommé Gueynard, tonnelier, âgé de quarante ans, fort et sanguin, qui abuse journellement des spiritueux, et qui présentait alors le *délire vigil* bien caractérisé. Les membres et le tronc sont agités de tremblemens, comme si le malade avait le frisson d'une forte fièvre intermittente ; il est d'une loquacité remarquable, a des hallucinations ; il croit être à son travail. « Aidez-moi à pousser cette pièce, dit-il, qui va rouler ; vous ne la voyez pas ; prenez garde, » etc. Je le saigne au bras et au pied ; mais je n'obtiens aucun effet ; le malade n'a pas un seul instant de sommeil ; il faut trois hommes pour le tenir dans son lit, dont il veut s'enfuir à chaque instant. Au troisième jour de cet état, qui semble empirer, je commence à donner un julep calmant, de cent vingt grammes, dans lequel j'ajoute huit grammes d'acétate d'ammoniaque, à prendre par cuillerée toutes les heures. Ce julep achevé, on en donne un autre, et j'ai la satisfaction de voir le malade s'endormir à plusieurs reprises ; sa peau présente un peu de moiteur ; il y a une réaction centrifuge favorable ; le délire cesse, mais le tremblement nerveux continue encore quelques jours. Je fais plonger Gueynard dans un bain, matin et soir, et ce dernier accident disparaît au dixième jour de la maladie.

M. Marzilié, capitaine caboteur, avait des chagrins, à cause de certaines avaries arrivées par sa faute au navire qu'il commandait et dont l'armateur lui tint compte. Pour s'étourdir, il buvait du vin et des liqueurs ; c'est d'ailleurs chez lui un péché d'habitude. C'était au mois de juillet de l'année dernière, époque où les boissons alcooliques agissent promptement sur le cerveau. Sa femme, qui était alors malade et que je soignais d'une gastro-entérite, m'envoya chercher en toute hâte ; je crus que c'était pour elle, et je fus étonné, en arrivant, de la trouver levée et au chevet de son mari, qui n'avait pas bu depuis quarante-huit heures au moins, et qui présentait un délire tranquille et taciturne. Connaissant les habitudes de Marzilié, je ne m'alarmai pas, je ne crus pas à une cérébrite ; je vis, dans l'ensemble des symptômes le *delirium à potu* ; je le saignai, je lui donnai des opiacés, sans obtenir le moindre calme ni le plus petit sommeil. Je recourus, au troisième jour, au julep de cent vingt grammes de véhicule sucré, auquel j'ajoutai dix grammes d'esprit de Mindererus. La cessation du délire eut lieu au bout de quelques heures de l'emploi de cette potion ; le malade put dormir, et le surlendemain il était assez bien pour se livrer à ses occupations.

Je viens d'apprendre que Marzilié a succombé à Rouen, il y a quelques jours, à une autre attaque de *delirium tremens*. Quel traitement a-t-on suivi ? A-t-on donné l'ammoniaque ? C'est fort douteux.

Le *delirium tremens* laisse quelquefois après lui des attaques d'éclampsie épileptiforme que l'on combat avec avantage par le julep ammoniacé ci-dessus. Gueynard a présenté cette fâcheuse complication, et j'ai recouru chez lui à ce moyen qui agit comme prophylactique dans l'*intermission*, et comme calmant pendant l'attaque (1).

---

(1) Le docteur Scharn, de Katscher, après avoir employé inutilement tous les

2° La *cérébellite* est une affection peu connue; le priapisme en est le symptôme principal. Je n'ai rien trouvé qui ait pu m'apprendre si on a usé des caustiques pour combattre cette redoutable phlegmasie.

3° *Myélite.*—Si elle existe à la partie supérieure du prolongement rachidien, au-dessus des nerfs qui donnent le mouvement aux muscles respirateurs, il en résulte un trouble de la respiration promptement funeste ; si l'inflammation de la moelle est au-dessous, les phénomènes mécaniques de la respiration ne sont pas troublés, du moins primitivement ; mais on observe un trouble plus ou moins prononcé dans la motilité ou la sensibilité des parties auxquelles se distribuent les nerfs de la portion enflammée de la moelle. Si la lésion n'a son siége que dans les faisceaux antérieurs de la moelle, c'est dans les mouvemens que les troubles se manifestent ; c'est dans la sensibilité, si elle se borne aux faisceaux postérieurs ; le sentiment et le mouvement sont troublés à la fois, si l'inflammation affecte simultanément les uns et les autres. De là des convulsions et des spasmes tétaniques, ou des paralysies plus ou moins étendues. Dans le plus haut degré d'intensité de la myélite supérieure on a observé quelquefois le trismus et l'hydrophobie.

La myélite à l'état aigu relève entièrement des antiphlogistiques; mais, lorsqu'elle est chronique, on la combat avec avantage par les douches d'eau salée chaude, à la température de trente à quarante-cinq degrés, sur la peau qui recouvre toute l'étendue de l'épine dorsale. Ce moyen a eu des succès merveilleux entre les mains d'un célèbre empirique, M. B. de St.-C. Il a guéri des myélites, à Bordeaux, qu'on avait regardées comme incurables. Après les douches d'eau chaude, viennent des moyens plus

---

moyens proposés successivement pour combattre le *delirium tremens*, en est venu à cette idée, que l'affection dont il s'agit n'est autre chose que l'ivresse portée à son *summum* d'intensité, et que l'ammoniaque doit être l'agent thérapeutique le plus convenable pour remplir toutes les indications qui peuvent se présenter en pareille circonstance. En conséquence de cette idée (qui n'était pas neuve), il a eu recours, pour combattre les accidens de cette maladie, à la liqueur ammoniacale pyro-huileuse, ou plus simplement au succinate d'ammoniaque. Sous l'influence de cette médication, il a vu le délire alcoolique le plus furieux céder, comme par enchantement, dans l'espace de quelques heures.

(*Casper's Wochen-Schrift*, et *Gazette des Hôpitaux de Paris*, 23 mars 1843.)

douloureux : les rubéfians, les vésicatoires longs et étroits, et les moxas. Ce dernier moyen nous vient des Chinois et des Japonais, lesquels composent ce genre de caustique avec les feuilles desséchées de l'*Artemesia chinensis ;* ils en font des cônes dont ils appliquent la base sur la partie qu'ils veulent brûler. En Europe, on se sert de coton cardé, trempé, au préalable, dans une solution de chlorate de potasse. Les moelles de sureau, de tournesol, de maïs, préparées comme il suit, sont préférables au coton.

On fait bouillir cette moelle desséchée dans une solution de nitrate de potasse, d'abord peu concentrée ; après cette première opération, on l'expose à la chaleur douce d'un feu ou au soleil (voyez l'opuscule de M. Ygonen, Lyon, 1834). Ce médecin de Lyon dit que, quelle que soit la forme sous laquelle on administre le feu ( cautère actuel ou potentiel ), il produit toujours les mêmes modifications et a pour effet le même résultat ; la seule différence gît dans la manière plus ou moins prompte avec laquelle il pénètre. Il admet trois effets différens dans l'action du feu appliqué sur l'économie vivante : le premier sera une irritation ; le second une sécrétion plus abondante de fluide, de même nature d'abord que ceux qui composent nos tissus ; enfin le troisième consiste dans l'altération de ces mêmes fluides, la suppuration.

D'après M. Mayor de Lausanne ( *Gazette des Hôpitaux,* 13 août 1842), les cautères actuel et potentiel agissent aussi de trois manières ; ils sont 1° modificateurs de la vitalité ; 2° révulsifs ; 3° destructeurs de quelques parties de l'organisme. Quand il faut agir sur une large surface, on pratique des *raies de feu.* L'ammoniaque, un métal plongé dans l'eau bouillante, les moxas, la potasse, le caustique de Vienne, la pâte Canquoin ( chlorure de zinc et farine de froment ), ne pourront suffire lorsqu'il s'agira d'établir des raies plus ou moins rapprochées, longues, larges et profondes, qui cernent et sillonnent de vingt manières différentes une surface fort étendue ( tumeurs blanches, affections rachidiennes, arthrocaces). On a presque abandonné le fer rouge, parce qu'il effraie les patiens.

Les acides minéraux concentrés paraissent à M. Mayor réunir des qualités aussi énergiques que ce dernier moyen. Pour rendre ce genre de cautérisation populaire et curatif, on confectionne un pinceau de fil de fer ou d'amiante, ou un tube en verre, puis on *dessine*, dit le médecin suisse, tout à son aise, sur la peau des malades sans opposition de leur part. « Je passe, dit-il, et repasse le pinceau et le tube aussi souvent qu'il est nécessaire, et suivant que je veux agir plus ou moins profondément, puis je laisse au liquide le temps de se dessécher, de s'imbiber ou de s'amalgamer, ce qui est l'affaire de deux ou trois minutes. »

On peut, selon les circonstances, obtenir des ustions à tous les degrés, au moyen de ce nouveau mode de cautérisation transcurrente : sur la peau qui recouvre le larynx, dans les inflammations chroniques de cet organe; dans la surdité, sur la peau qui est au-devant de l'apophyse mastoïde; sur la poitrine, dans les épanchemens pleurétiques sur le ventre, dans la gastralgie et dans les engorgemens abdominaux. M. Mayor n'a jamais vu d'érysipèle survenir à la suite de ce genre de cautérisation ; il recouvre les parties brûlées avec du coton cardé qu'il regarde comme un excellent anti-phlogistique. Ce procédé de cautérisation-Mayor me sourirait davantage que le cautère actuel et la moxibustion, à laquelle les malades opposent toujours une résistance souvent invincible.

C'est surtout dans la myélite chronique que l'on devra y recourir. L'effet en est prompt et durable ; il n'y a pas, comme à la suite de l'usage de la potasse caustique et de la poudre de Vienne, des escharres énormes et des douleurs cruelles.

4° *Névrite proprement dite.* — Elle peut se développer sous l'influence des contusions, des piqûres et des déchirures de nerfs, bien que l'action de l'air humide, témoin la névrite dentaire, puisse aussi la produire. Eh bien ! dans ces cas on a employé les caustiques immédiatement et médiatement. On brûle avec le cautère actuel le nerf dentaire enflammé pour apaiser l'odontalgie. Lorsqu'une lancette ou des esquilles osseuses, etc., auront amené une névrite partout ailleurs, on peut, à l'aide du beurre d'antimoine, des acides concentrés, détruire en entier la portion de nerf éraillée, qui cause le supplice atroce d'une douleur incessante, et cela bien plus sûrement qu'avec l'instrument tranchant. Si la névrite était très-profonde, après l'usage des antiphlogistiques les plus énergiques, on recourrait, sur le trajet du nerf enflammé, aux révulsifs, tels que vésicatoires, cautères et moxas : c'est ce que j'appelle cautérisation médiate. C'est dans le nerf sciatique qu'on a le plus souvent observé la névrite.

M. Martinet l'a vue dans les nerfs médian et cubital; il n'est aucun nerf qui en soit à l'abri.

Mais comme la plupart des auteurs regardent comme des névralgies les douleurs nerveuses qui ne proviennent pas de causes physiques, nous nous en occuperons dans le paragraphe suivant.

## § II. — DES CAUSTIQUES DANS LES NÉVRALGIES.

A. *Tic douloureux.* — Il comprend 1° la névralgie *orbito-frontale* ( ou de la branche *orbito-frontale* du nerf facial). La douleur commence au trou sourcilier, d'où elle se propage au front, à la paupière supérieure et au sourcil, à la caroncule lacrymale, à l'angle interne des paupières, et quelquefois à tout le côté de la face par les anastomoses ; 2° la névralgie *sous-orbitaire, ou prosopalgie*, qui occupe la branche sous-maxillaire du nerf trifacial ; 3° la névralgie *maxillaire*, qui a son siége dans la branche maxillaire inférieure du nerf trifacial. La douleur se fait sentir d'abord au trou mentonnier, d'où elle se communique aux lèvres, aux alvéoles, aux dents, aux tempes, sous le menton, et sur les parties latérales de la langue. On la confond facilement avec l'odontalgie ; l'examen des dents peut venir en aide au diagnostic. Il arrive aussi qu'on la confond avec l'otalgie, qui n'est autre que la névralgie du nerf acoustique ; elle peut d'ailleurs accompagner la névralgie faciale. Ces affections sont ambulantes : elles doivent, en conséquence, aller d'un nerf à un autre. Aussi Chaussier en admet-il plusieurs variétés ; par exemple, dans la prosopalgie, il comprend la névralgie sous-orbito-nasale, la labiale, la palpébrale, la dentaire. Ce genre d'affection peut revêtir la forme intermittente, à périodes plus ou moins régulières. Les névralgies sont parfois atypiques ou continues.

B. Entre toutes les névralgies, la fémoro-poplitée, ou sciatique, est la plus fréquente. La douleur part ordinairement de l'échancrure sciatique, suit le trajet du nerf sciatique à la partie postérieure de la cuisse jusqu'au jarret, et s'étend quelquefois à l'un des nerfs poplités et même à tous les deux.

C. Il peut exister autant de névralgies particulières qu'il y a de troncs et de rameaux nerveux. Cependant on n'en a observé qu'un certain nombre : la névralgie intercostale (Siebold), la névralgie ilio-scrotale (Chaussier), la névralgie lombaire (Jadelot) ; M. Barras l'a observée sur le nerf spermatique. On a décrit et observé la névralgie crurale, fémoro-prétibiale, sciatique antérieure ; Chaussier a vu la névralgie plantaire. Quant à la névralgie anormale, qui a son siége dans des filets nerveux très-petits, l'histoire particulière n'a pu en être faite : c'est au praticien à la deviner ; car le diagnostic en est des plus difficiles, et ce n'est qu'en procédant par voie d'exclusion qu'on y parvient, lorsque la pression méthodique n'a pas donné de résultat satisfaisant.

La névralgie est plus ou moins aiguë ; elle peut aussi devenir chronique.

Les anti-phlogistiques échouent le plus souvent, ainsi que les opiacés. Les révulsifs, les vésicatoires, les caustiques deviennent alors les seules armes propres à les combattre avec avantage.

Cotugno préconise les vésicatoires sur les lieux où le nerf est le moins profond, où il est recouvert par une moindre épaisseur de parties molles. M. Aloing (*Journal de Médecine*, mars 1827) fait ressortir, dans un mémoire, les avantages de ce genre de caustique au second degré, qui va jusqu'à l'ampoule ; les linimens volatils ammoniacés, les frictions avec la teinture de cantharides, deux agens pris dans la classe des caustiques, et qui rendent des services signalés au praticien qui sait les manier avec une certaine hardiesse. Le moyen extrême, mais rationnel, est de cautériser le nerf malade avec le fer rouge ou la pierre à cautère ; il faut en exclure le nerf fémoro-poplité, en raison de sa position.

L'essence de térébenthine, dans les névralgies, employée en liniment ou à l'intérieur (moyen préconisé par M. Martinet, dans un mémoire publié en 1824), me semble agir par la méthode substitutive ou révulsive; la révulsion est le premier degré de la cautérisation.

GRAISSE TÉRÉBENTHINÉE, DE DE DEBREYNE.

| | |
|---|---|
| Essence de térébenthine. . . . | 80 gr. |
| Ammoniaque. . . . . . . . . | 10 — |
| Alcool camphré. . . . . . . . | 40 — |
| Axonge. . . . . . . . . . . . | 320 — |

Employée en frictions contre la sciatique.

LOCH TÉRÉBENTHINÉ, DE MARTINET ET RÉCAMIER.

| | |
|---|---|
| Essence de térébenthine. . . . | 10 gr. |
| Jaune d'œuf. . . . . . . . . | N° 2. |
| Mêlez ; ajoutez peu à peu : | |
| Sirop de menthe. . . . . . . | 60 — |
| — de fleurs d'oranger. . . . | 30 — |
| — d'éther. . . . . . . . . | 30 — |
| Teinture de cannelle. . . . . . | 2 — |

Trois cuillerées par jour, le matin, à midi et le soir.

« L'oxide blanc d'arsenic (poison caustique), déjà employé par » Selle dans les affections névralgiques, en teinture, à la dose » quotidienne de trois à douze gouttes, dans un véhicule conve- » nable, a été également mis en usage, avec succès, par un pra- » ticien du Midi de la France contre le tic douloureux de la » face (*Journal de la Société de Médecine de Montpellier*). La » même méthode de traitement a produit la guérison d'un ma- » lade que n'avait pu soulager aucune médication pendant le » long espace de trente années. Ce malade, reçu à la salle » Saint-Augustin, à l'Hôtel-Dieu, présentait à l'observation une » névralgie double de la face, occupant tout le trajet des rameaux » nerveux de la cinquième paire, datant de l'année 1813, et » survenue à la suite de deux blessures, l'une sur le front, l'au- » tre à la joue, reçues à la bataille de Leipsick. Les douleurs, d'a- » bord intermittentes, puis continues, étaient insupportables ; » elles s'exaspéraient sous l'influence des moindres émotions, » des moindres changemens barométriques ou thermométriques, » et avaient déterminé la chute des dents, la chute des cheveux, » la diminution de la vue, l'insomnie, l'amaigrissement, etc. Ce » malade, qui avait parcouru successivement tous les hôpitaux de » Paris, sans trouver aucune amélioration dans son état, fut mis » à l'usage quotidien des pilules suivantes :

» Acide blanc d'arsenic, 0,05 centigrammes;
» Rob de sureau, Q. S.

» F. S. A. 15 pilules, contenant chacune un quinzième de » grain de la substance médicamenteuse.

» Deux de ces pilules furent administrées chaque jour, la pre- » mière le matin, la seconde le soir. La dose ne put être supé- » rieure, car trois pilules par jour produisirent des coliques et » la diarrhée. L'arsenic fut, à diverses reprises, retrouvé dans » les urines, une heure après l'ingestion de chaque pilule, à » l'aide de l'appareil de Marsh. Les douleurs névralgiques di- » minuèrent au bout du huitième jour ; après trois mois de trai- » tement, elles avaient entièrement disparu : soixante centi- » grammes d'oxide blanc d'arsenic suffirent pour la guérison. » (Observation rédigée par M. Natalis Guillot, *Annuaire de Thérapeutique et Matière médicale*, de Bouchardat, 1842, pages 68, 69 et 70.)

« Une demoiselle de dix-huit ans, bien réglée, d'une santé » excellente, éprouve un violent refroidissement pendant une » promenade dans un lieu élevé, exposé à l'action du vent. Il en » résulte une douleur lancinante dans le côté gauche de la poi- » trine. Les diaphorétiques et les sinapismes enlevèrent cette » sensation pénible ; mais elle fut remplacée par une vive sensi- » bilité du côté gauche de la face, sensibilité qui augmenta sous » l'influence d'un air vif, jusqu'à devenir une douleur des plus » fortes, et qui finit même par se transformer en une névralgie » faciale bien caractérisée et intermittente. Les accès (rebelles à » toute espèce de médication rationnelle) se reproduisirent plu- » sieurs jours de suite, en s'accompagnant de crampes violen- » tes, et ces paroxysmes, qui duraient souvent une ou plusieurs » heures, firent craindre sérieusement pour la vie de la malade. » Dans cette occurrence fâcheuse, M. Kœnigsfeld, son méde- » cin, recourut à l'emploi de l'arsenite de potasse, qu'il fit pren- » dre sous forme de poudre, à la dose d'un milligramme, répétée » toutes les deux heures, en commençant l'ingestion huit heures » avant le retour présumé de l'accès. Dès la troisième prise, la » malade fut soulagée ; une légère sensation de brûlure dans le » creux de l'estomac, qui céda rapidement à l'usage des muci- » lagineux, fut le seul effet auquel donna lieu l'ingestion du mé- » dicament arsenical. » (Bouchardat, *Annuaire de Thérapeutique*, 1843, p. 248 et 249.)

M. Meissner, de Leipsig, recommande l'emploi externe de l'huile de *crotontiglium* contre la migraine et la prosopalgie. Il fait appliquer cette huile à la dose d'une à douze gouttes derrière l'oreille du côté affecté, et il fait réitérer cette application autant de fois qu'il en est besoin. (*Schmidt's Jahrbuecher.*)

Le docteur Rand, de Alt-Landiberg, a traité deux cas graves de névralgie coxalgique par le *rhus toxicodendron*, associé à l'extrait de gayac, sous forme pilulaire. Le malade a pris, dans l'espace de trois jours, quinze centigrammes de feuille de rhus, et il en a retiré un bénéfice évident ; dès le quatrième jour, l'éruption que détermine ordinairement ce poison végétal appliqué directement sur la peau, se montra sur le dos du malade, et la douleur diminua notablement et cessa peu à peu. (*Medicinische Zeitung*, 1843.)

Dans ces deux cas, c'est évidemment la vésication obtenue directement ou indirectement qui a amené la cessation de la douleur nerveuse.

L'hémicrânie, ou migraine, est une espèce de névralgie qui, comme son nom l'indique, occupe la moitié du crâne. Une douleur vive, lancinante, superficielle ou profonde, qui n'occupe qu'un côté de la tête, particulièrement l'une des régions temporales et orbitaires, en est le symptôme principal. Cette névralgie est très-difficile à guérir; il est quelquefois même imprudent de le tenter, parce qu'à cette affection en succède une plus fâcheuse.

C'est un moyen banal, connu de tout le monde, que de faire sentir aux personnes actuellement atteintes de migraine, le bouchon de verre qui recouvre un flacon d'ammoniaque liquide; je dis le bouchon, parce qu'il y aurait un certain inconvénient à aspirer fortement la vapeur ammoniacale qui se dégage du goulot du vase qui la contient.

L'espèce de cautérisation instantanée et diffuse de la muqueuse nasale produit sur les nerfs qui s'y épanouissent une secousse favorable, *substitutive*. C'est probablement cette circonstance qui a donné à M. Ducros, de Marseille, l'idée de propager ce *modus faciendi* à plusieurs névroses dont il sera parlé en leur lieu. L'espèce de secousse, d'ébranlement nerveux auquel ce praticien attribue l'effet curatif qu'il a obtenu souvent, pourra nous aider à expliquer le mode d'action des agens médicamenteux désignés sous le nom d'altérans, de diffusibles, de révulsifs (1).

Le *Bulletin général de Thérapeutique*, du mois de février 1843, fait l'histoire d'une curieuse névralgie dorsale et intercostale guérie par l'emploi du moxa.

---

(1) Le docteur Lutterotti, de Lintz, cite un cas de tic douloureux guéri par le *chlorure de baryum*. Un manœuvre déjà âgé, et de constitution scrofuleuse, était affecté, depuis huit ans, d'une prosopalgie qui, depuis deux ans, revenait nuit et jour, sans laisser un quart d'heure de repos. Les accès étaient d'une violence inouie, à ce point qu'il fut tout-à fait impossible d'interroger le malade. L'auteur, après divers essais, recourut à la potion suivante : Chlorure de baryum, 12 décigrammes; eau distillée, 125 grammes. — M. et F. Dist. S. D. à prendre à la dose de dix gouttes, de deux en deux heures. Au bout de dix jours de cette médication, le sujet était guéri. Le médicament produisit d'abord une forte chaleur dans l'estomac, des envies de vomir et des coliques; mais dès le lendemain les accès de prosopalgie devinrent plus rares et plus faibles, jusqu'à ce qu'enfin ils cédassent tout-à-fait. (*Observ. Med. Wochenscrift*, 1842.)

Une femme, âgée de cinquante-cinq ans, n'étant plus réglée depuis plusieurs années, fut prise de douleurs vives à la partie moyenne de la région dorsale de la colonne vertébrale, à la suite desquelles la septième vertèbre dorsale éprouva un mouvement de bascule qui constitua une véritable petite gibbosité.

Les douleurs duraient depuis six mois, quand cette femme fut couchée dans la salle Saint-Augustin, service de M. Lisfranc.

Les douleurs étaient très-vives et presque permanentes ; elles empêchaient le moindre sommeil. La plus légère compression sur la gibbosité exaspérait les souffrances et faisait pousser des cris ; il se développait alors comme des étincelles électriques très-douloureuses, qui suivaient le long des trois espaces intercostaux, à gauche et à droite, mais surtout à droite. Les espaces intercostaux, siége du mal, étaient fort rétrécis ; les bords des côtes semblaient appliqués les uns contre les autres. Toute espèce de traitement ayant échoué, M. Lisfranc, considérant l'absence de fièvre et le caractère névralgique de la douleur, recourut aux moxas. Le premier, appliqué à droite, dans le point le plus douloureux des côtes, fit diminuer des trois quarts la douleur, et, le même jour, la malade put dormir. Un second moxa, appliqué à quelques pouces plus en arrière, quatre jours après, a fait taire tous les symptômes, et la patiente s'est vue miraculeusement débarrassée de ses douleurs.

Ainsi, la moxibustion a opéré ce que tout l'arsenal des moyens réputés rationnels n'avait pu faire.

M. Valleix, médecin des hôpitaux, a publié quelques considérations intéressantes sur le diagnostic et le traitement des névralgies. (*Bulletin général de Thérapeutique*, juillet 1843.)

« D'après Chaussier et les auteurs qui l'ont précédé, il suffit, » pour caractériser une névralgie, de l'existence d'une douleur » plus ou moins aiguë dans le trajet principal d'un nerf et dans » ses ramifications. Cette proposition est exacte dans le plus » grand nombre des cas ; mais quand on examine plus attentive- » ment les faits, on s'aperçoit que les difficultés sont plus » grandes que ne le pensait Chaussier. C'est ainsi, comme j'en ai » cité des exemples (1), des névralgies bornées à une très-petite

(1) *Traité des névralgies ou affections douloureuses des nerfs.* — Paris, 1841, chez J.-B. Baillière.

» étendue du nerf, ne parcourant pas le trajet principal de cet » organe, ni ses ramifications, mais fixées dans un point cir- » conscrit, comme le bord postérieur du grand trochanter ou de » l'épitrochlée, et cependant donnant lieu à tous les symptô- » mes propres à cette affection (1). D'autres fois, au contraire, la » névralgie envahit un très-grand espace, et peut simuler une pleu- » rodynie, un lumbago, en un mot le rhumatisme musculaire. »

Il faut regarder comme une névralgie toute affection qui, ayant son siége sur le trajet d'un nerf, offre, au moins dans les momens d'exaspération, une douleur plus ou moins vive à la pression exercée sur une petite étendue, avec l'extrémité du doigt par exemple, et quelquefois au contraire une diminution de la douleur par une pression large exercée avec la paume de la main ; bien entendu qu'il n'y aura, dans le point indiqué, ni tumeur, ni inflammation, ni, en un mot, aucune lésion matérielle qui puisse donner lieu à la douleur.

M. Valleix pose comme une règle générale l'existence de points douloureux à la pression. Le point sur lequel il faut exercer cette pression est souvent limité à une si petite étendue, que si on ne le recherche pas très-attentivement, on peut ne pas le découvrir, même quand on est exercé à ce genre d'exploration. Lorsqu'on l'a trouvé, on voit que, si on ne produisait pas de douleur, c'était uniquement la faute de l'exploration, car lorsque la pulpe d'un seul doigt y appuie directement, on fait naître des douleurs vives, qui s'élancent parfois en irradiations lacérantes vers l'extrémité du nerf affecté. La pression méthodique est donc le meilleur moyen de diagnostic des névralgies.

Il n'est pas nécessaire de recourir à ce genre d'exploration lorsque la douleur parcourt une plus ou moins grande partie du trajet d'un nerf, et que, suivant l'expression de Cotugno, le malade peut décrire la direction de l'organe souffrant, aussi bien que le ferait un anatomiste.

Cotugno croit que l'exploration précitée était pratiquée par les Arabes. C'était en explorant avec la main, *pertentando manu*, que ces médecins découvraient dans les névralgies les lieux où il importait d'appliquer *le cautère actuel*.

Il peut exister sur le trajet d'un même nerf plusieurs points

---

(1) M. Louis à dit à M. Valleix en avoir obtenu récemment une semblable.

douloureux, sans élancement, comme Cotugno et M. Valleix l'ont observé dans de véritables névralgies.

L'arsenic, le sulfate de quinine, l'huile de térébenthine et la cautérisation sont, entre autres moyens, conseillés par M. Valleix dans les névralgies en général.

« La cautérisation, dit-il, qui était déjà pratiquée par les » Arabes, est assurément un moyen d'une grande efficacité, té- » moin les cas de guérison qui ont été récemment publiés par » M. Jobert. Ce moyen est effrayant : aussi est-on obligé le plus » souvent de recourir aux vésicatoires, *dont l'action est analogue,* » et qui sont beaucoup moins effrayans. »

Le vésicatoire est *à demeure*, ou il est *volant*. C'est ce dernier que préfère M. Valleix, afin de pouvoir le transporter facilement sur tous les endroits envahis par la douleur.

*La cautérisation profonde*, avec destruction du nerf, ne convient, dit l'auteur, qu'à des cas très-rebelles.

En résumé, M. Valleix donne comme remède principal les vésicatoires volans appliqués sur divers points douloureux dont la pression fait connaître l'existence, et, comme adjuvante, lorsque la maladie est très-douloureuse, l'application d'un sel de morphine sur la surface dénudée.

On pourra facilement arguer, par tous les faits que je viens d'avancer relativement à l'emploi des caustiques dans les névralgies, que ces agens énergiques l'emportent de beaucoup sur les autres moyens réputés rationnels, pour parvenir à la curation de ces désolantes névropathies. Il sera facile aussi de se convaincre, durant le cours de ce travail, que si les chirurgiens arabes et leurs successeurs directs abusèrent des caustiques actuels et potentiels, nos modernes chirurgiens, plus timides ou plus *habiles*, les ont beaucoup trop négligés.

## § III. — DES CAUSTIQUES DANS LES NÉVROSES PROPREMENT DITES.

D'après M. Chomel, la névrose consiste dans un trouble idiopathique des fonctions, sans lésion sensible dans la structure des parties, et sans agent matériel qui la produise.

M. Roche distingue les névroses sous le nom *d'irritation nerveuse*. Il pense que ces maladies consistent dans l'accumulation du fluide nerveux dans un tissu, accumulation aussi matérielle que celle du sang dans un tissu enflammé, mais non pas visible comme elle, parce que le fluide nerveux se dérobe à la vue. Si cette hypothèse reposait sur une base certaine, positive, le traitement des névroses serait des plus simples : il ne s'agirait que d'aviser au moyen de soustraire l'excès du fluide nerveux accumulé sur un point, sur un organe, à donner l'équilibre à cet agent, qui n'a pas, comme le calorique, la propriété de céder aux corps ambians tout ce qu'il a de plus qu'eux de fluide. Les bains, le magnétisme animal et minéral, les anti-spasmodiques proprement dits, seraient les seuls remèdes auxquels on devrait recourir en toutes circonstances. Il n'en est malheureusement pas ainsi, et le traitement des névroses est encore aussi inconnu, aussi incertain que leur nature elle-même.

Les névroses ont une longue durée, sont apyrétiques, difficiles à guérir ; elles offrent un appareil de symptômes graves, hors de proportion, en général, avec le peu de danger qu'elles font courir. Elles sont très-souvent intermittentes. Leur ténacité est désespérante ; elles sont rebelles, la plupart du temps, à toute espèce de remèdes. Il n'est pas de moyen thérapeutique, aussi absurde qu'on puisse l'imaginer, qui n'ait été tenté pour la cure de ces désolantes névropathies.

Il suffit néanmoins, pour diagnostiquer la névrose, quelle qu'elle soit, de constater une douleur plus ou moins vive, avec trouble fonctionnel considérable, sans afflux de liquide et sans accélération du pouls.

Peut-il y avoir des névroses mixtes, c'est-à-dire avec afflux sanguin et nerveux simultanément ? Il est difficile, s'il en existe, de découvrir si les phénomènes inflammatoires sont subordonnés à l'irritation nerveuse, si ce sont, au contraire, les phénomènes sanguins qui provoquent les phénomènes nerveux, ou s'il y a existence simultanée des deux ordres de symptômes sans dépendance mutuelle. Je crois que ces symptômes appartiennent à deux affections qui marchent ensemble sans se confondre, car, si l'on fait cesser les phénomènes sanguins, la névrose reste à son état de simplicité, et dès-lors on peut la guérir plus facilement. On ne doit pas perdre de vue que les systèmes sanguins et nerveux se font contrepoids ; que ce dernier prend le dessus, si on fait des soustractions trop fortes au premier ; en un mot, qu'on doit être très-sobre de saignées. On sait combien les filles chlorotiques, oligaimiques ou asthéniques, sont disposées aux convulsions, et qu'à mesure qu'on *leur fait du sang normal*, par une bonne nourriture et les martiaux, elles perdent cette fâcheuse disposition aux névropathies.

La névrose existe dans l'axe cérébro-spinal, ou dans ses ramifications ; de là les névroses du système nerveux proprement dit, et celles du système muqueux, du système musculaire, etc.

Les névroses *du système nerveux* sont subdivisées en celles du mouvement, du sentiment et de l'intelligence.

Parmi les névroses du mouvement, on compte en première ligne l'épilepsie, la catalepsie, l'hystérie et la rage.

J'ai dit, au commencement de ce travail (*Bulletin Médical de Bordeaux*, numéro de juillet 1843) que les caustiques convenaient surtout dans les affections à cause inconnue ; et certes, l'épilepsie, l'hystérie, la catalepsie sont bien dans ces cas.

Dans la première de ces névroses, lorsque l'*aura epileptica* part d'un point que l'on peut atteindre, on y applique un moxa ou un fer rouge. Ainsi lorsque l'*aura* semble partir des pieds, on cautérise à chaque jambe le nerf saphène ; on place ainsi une digue infranchissable au-devant de ce *mascaret* nerveux.

Dans le *Bulletin de Thérapeutique* du mois de janvier 1844, on fait l'histoire d'un cas d'épilepsie guéri par l'emploi des vésicatoires volans, qui interceptèrent ce courant de fluide nerveux qui se rue vers le cerveau et qui le frappe comme la foudre, car l'individu atteint pousse un cri et tombe comme si la vie allait s'éteindre.

L'observation a trait à un tailleur de trente-deux ans, qui, sans cause connue, fut pris, le 9 novembre 1839, d'une première attaque d'épilepsie.

Le malade fut porté à l'Hôtel-Dieu le 7 décembre suivant, après avoir eu huit attaques. M. Récamier donna des soins à ce malheureux et voulut barrer le passage de l'*aura*, l'empêcher d'arriver à la tête, au moyen de vésicatoires circulaires, et la poursuivre à outrance sur tous les points où elle se montrerait. L'accès épileptique s'annonçait par un tremblement et une vibration intérieure qui ne se faisait sentir que dans la moitié du corps et de la face. Le corps était symétriquement partagé par la ligne médiane; simultanément le malade éprouvait une crampe au mollet gauche; ces prodrômes duraient quelques secondes, et l'accès épileptique faisait explosion. Après quelques accès, M. Récamier, le 24 décembre, fait poser un *vésicatoire circulaire*, de trois doigts de largeur, autour du mollet, au-dessus de l'endroit où se fait sentir la crampe. Trois jours après, la crampe se manifeste au bas de la cuisse et est suivie d'une attaque d'épilepsie peu violente : *nouveau vésicatoire*, qui environne en entier le milieu de la cuisse. J'avais omis de dire que, dès sa première attaque, le malade avait la jambe gauche à demi paralysée, depuis le pied jusqu'au milieu de la cuisse. Après l'application des deux vésicatoires ci-dessus mentionnés, la paralysie s'en alla en grande partie et le malade marcha plus facilement. Le 2 janvier 1840, le pied gauche est engourdi ; on y met *un vésicatoire*, l'engourdissement disparaît. Le 6 janvier, douleur dans le mollet : *vésicatoire annulaire* au-dessus, qui la fait cesser. Le 10, secousses et fourmillemens, tendance aux attaques épileptiques. Les secousses s'irradient de la hanche gauche au mamelon du même côté : *zone épispastique*, contournant la base de la poitrine. Le 18, sensation pénible de fourmillement au-dessus du mamelon droit, et engourdissement douloureux au-dessus de la cheville du pied droit : *vésicatoires circulaires* au cou et au bas du mollet droit. Le 22, quelques sautillemens douloureux vont du coude à l'épaule gauche : *vésicatoire en bracelet* au-dessus du coude. Le 27, à cause de quelques fourmillemens du pied, au genou gauche, et de là à l'aine, on applique un dernier *vésicatoire* qui environne la cuisse, et tout disparaît. On s'est assuré que, depuis cette époque, cet ouvrier tailleur n'avait pas eu d'autres attaques d'épilepsie.

L'azotate d'argent, à la dose de 0,015 à 0,025 milligrammes, donné à l'intérieur, a été vanté comme un puissant anti-épileptique. Ce moyen a le grave inconvénient de donner à la peau une teinte ardoisée indélébile. M. Biett accorde à cet agent héroïque une grande confiance. MM. Fouquier et Esquirol, qui l'ont essayé diverses fois, pensent que ce sel est un médicament aussi incertain qu'il est dangereux. Voici ce qu'en dit M. Esquirol : « J'ai employé infructueusement tous les remèdes vantés contre » l'épilepsie ; plus de vingt malades, du sexe féminin, de différens âges, offrant pour la plupart les chances les plus favora- » bles de guérison, quelques-unes n'ayant eu qu'un ou quelques

» accès, ont fait usage du nitrate d'argent à diverses doses, de-
» puis un demi-grain jusqu'à huit et même seize grains par
» jour, pendant plusieurs mois, et même une année, sans en
» éprouver le moindre soulagement, et beaucoup en ont ressenti
» d'horribles gastralgies. Deux faits n'ont pas peu contribué à
» m'engager à cesser l'emploi de ce moyen. Une jeune fille
» est prise de jalousie ; ses règles se suppriment ; elle devient
» épileptique ; elle est mise à l'usage du nitrate d'argent pen-
» dant un an sans succès. Peu après, ses règles se rétablissent
» et l'épilepsie cesse. On était tenté de donner au nitrate d'ar-
» gent la gloire de cette cure ; mais, par malheur, cette femme
» avoua qu'elle n'en avait pas pris un atôme, et qu'elle avait em-
» ployé certain remède emménagogue que lui avait préparé une
» commère.

» Une autre femme, grande et forte, qui avait pris du nitrate
» d'argent pendant deux ans, à des doses assez fortes, hors de
» la Salpêtrière, fut envoyée dans cet hospice, dans un état de
» cachexie déplorable ; elle vomissait tout ce qu'elle prenait et
» souffrait d'horribles gastralgies ; elle mourut. Toute la moitié
» inférieure de la muqueuse de l'estomac avait disparu ; dans
» plusieurs points le péritoine restait seul, et dans quatre ou
» cinq autres il y avait perforation. »

Le chlorure d'argent, à l'intérieur, a aussi été tenté dans l'épilepsie : ce sel irrite moins que l'azotate d'argent ; il ne colore pas la peau et a une action aussi favorable que l'autre, disent les auteurs qui croient à la propriété anti-épileptique de ces deux sels d'argent.

*Pilules au nitrate d'argent.*

Chlorure d'argent, 10 grammes.
Conserve de roses, Q. S.
F. S. A. 100 pilules.

On donne d'abord une pilule par jour ; on élève successivement la dose jusqu'à dix.

L'ammoniaque liquide, prise à l'intérieur, à la dose de 12 gouttes dans une potion de 120 grammes, a réussi à guérir des attaques d'épilepsie. Le docteur Lemoine (*Revue Médicale*) a publié trois observations de guérison de cette névrose par l'emploi de cet agent caustique suspendu dans le véhicule suivant :

Eau distillée de tilleul............ 64 grammes.
— de laurier-cerise.. 12
Sirop de fleurs d'oranger........ 32
Ammoniaque liquide............. 12 gouttes.

MM. Pinel-Grandchamp et Delanglard donnaient cette potion en une seule fois, lorsqu'ils entrevoyaient quelques prodrômes de l'attaque. M. Lemoine s'en est servi comme prophylactique, dans l'intervalle des accès, et en a obtenu, sur trois malades seulement qui en ont fait usage, les plus heureux effets. (Voir, pour plus de détails, le *Bulletin Médical* de Bordeaux, du mois de mai 1844, page 319.)

Je me suis servi de cette potion et j'ai lieu de m'en applaudir. Elle réussit surtout chez les sujets adonnés aux liqueurs alcooliques, dont les attaques épileptiques ont succédé au *delirium tremens*; elle combat avec avantage (peu après l'attaque, lorsqu'on n'a pas été assez heureux pour la prévenir) l'espèce de torpeur intellectuelle, l'hébétude qui est écrite pendant quelques heures sur la face de ceux que l'accès vient de quitter. Elle a un autre avantage : c'est qu'elle prévient les accès successifs qui ont presque toujours lieu (lors d'une attaque un peu forte) dans la même journée, à quelques heures d'intervalle.

L'hystérie, sorte de névrose qu'on suppose avoir son siége dans l'utérus, se manifeste par des accès dont le principal caractère consiste dans le sentiment d'une *boule* qui semble partir de la matrice, aller à l'estomac, à la poitrine et au cou, où elle produit une espèce d'étouffement et de strangulation. Les autres symptômes sont semblables à ceux de l'épilepsie, et n'en diffèrent que par la nature des mouvemens convulsifs, qui n'affectent point les muscles de la face, et par l'absence de salive écumeuse.

J'ai opposé avantageusement à cette névrose la potion avec douze gouttes d'ammoniaque ci-dessus indiquée. Maintenant si dans l'aménorrhée on a fait avec succès des injections dans le vagin avec quatre ou cinq gouttes d'ammoniaque étendues dans trois onces d'eau distillée de mauve; si dans la dysménorrhée on a pu calmer les coliques utérines avec l'ammoniaque étendu dans un julep, nul doute que dans l'hystérie, qui, selon toute probabilité, est une névrose de la matrice, on devra obtenir de ce moyen un avantage égal.

La *rage* chez l'homme est une névrose résultant de l'inoculation d'un *virus* dont le véhicule est la salive ou le mucus bronchique. Chaussier pense que ce principe *sui generis* produit d'abord une irritation locale, fixée dans l'endroit de la blessure, irritation qui donne plus tard lieu à une névrose générale.

Marochetti, médecin russe, dit que le virus, après avoir été absorbé dans les blessures, passe dans le torrent de la circulation, puis se concentre sous la langue, où l'on voit s'élever, sur chaque côté du frein, du troisième au neuvième jour, de petites pustules ou vésicules appelées *lysses*, dans lesquelles il se trouve renfermé. Si à cette époque, dit ce médecin, on enlève ces vésicules et que l'on *cautérise* ensuite avec soin, l'infection générale n'a pas lieu, le mal est arrêté. Si on les abandonne à elles-mêmes, le virus est résorbé au bout de vingt-quatre heures, et la rage devra éclater infailliblement quelques jours plus tard. L'expérience n'a pas confirmé le fait annoncé par Marochetti, mais peut-être est-ce aussi parce qu'il n'est aucun médecin qui ne cautérise avec un fer rouge ou tout autre caustique la plaie toute récente due à la dent d'un animal enragé, opération qui empêche que le virus ainsi détruit ne soit livré aux absorbans, charrié dans le torrent circulatoire pour se porter en entier sous la langue. Ce voyage du *virus rabique* n'est pas facile à expliquer, pas plus que son lieu d'élection, cette espèce de relai qu'il prendrait pendant vingt-quatre heures des deux côtés du frein de la langue. Ce n'est qu'une hypothèse; mais quelque invraisemblable qu'elle paraisse, on devra toujours, chez un individu qui ne se rendrait chez le médecin que vingt-quatre ou quarante-huit heures après l'accident, regarder si ces *lysses* existent pour se conduire en conséquence.

La rage déclarée a résisté, jusqu'ici, à tous les moyens thérapeutiques; mais on la prévient en cautérisant profondément la partie mordue. Le cautère actuel peut être employé, mais on lui préfère les caustiques liquides. On use surtout du chlorure d'antimoine, dont on enduit toutes les parties mordues. On se sert à cet effet d'une plume dont la barbe a été trempée dans ce liquide, et que l'on promène exactement dans toutes les sinuosités de la morsure. Comme moyen intérieur, on peut donner de temps en temps de dix à vingt gouttes d'eau de Luce dans un verre d'eau. L'eau de Luce a pour agent principal l'ammoniaque liquide. (Voyez *Formulaire* de Bouchardat, page 177.)

Je ne parlerai pas de toutes les affections décrites sous le nom de névroses du sentiment et du mouvement : la plupart sont mal à propos classées comme telles, et cela deviendrait trop long et trop fastidieux ; j'ai, d'ailleurs, parlé de la chorée, du *tétanos*, du *delirium tremens,* compris par Roche et Sanson dans la classe des névroses.

Je terminerai par les névroses du système muqueux.

1° Dans la séance de l'Académie des sciences du 19 septembre 1842, M. le docteur Ducros, de Marseille, adressa un mémoire intitulé : *Asthmes nerveux arrêtés instantanément en suscitant un trémoussement général, comme électrique, par l'action décentralisatrice de l'ammoniaque, portée au plancher vertébral du gosier sur la partie correspondante au plexus pharyngien.* « L'expérience, dit-il, m'a démontré que l'application de l'am- » moniaque à 25 degrés au plancher vertébral du gosier, sur la » partie qui correspond au plexus pharyngien, avait la propriété » d'arrêter la plupart des attaques de l'asthme nerveux d'une » manière presque instantanée ; mais, pour obtenir ce résultat, » il convient de tenir, pendant une minute à peu près, au fond » du gosier, le pinceau imbibé dans l'ammoniaque à 25 degrés. » A l'instant de l'application, on observe chez beaucoup d'asth- » matiques une impatience très-prononcée, avec un léger tré- » moussement ; pendant une ou deux minutes, l'asthme redou- » ble ; mais il ne tarde pas à disparaître complètement. »

2° Le 26 septembre suivant, même académie, M. Ducros envoie une note sur l'action fortifiante de l'ammoniaque appliquée au plancher vertébral du gosier, pour guérir les amauroses ou gouttes sereines commençantes ou constituées ; guérisons obtenues de ces paralysies ou de ces demi-paralysies des nerfs visuels, après plusieurs applications pharyngiennes, amenant un larmoiement abondant.

3° Dans la séance de l'Académie des sciences du 3 octobre 1842, M. Ducros envoie une note intitulée : *L'ammoniaque et le nitrate acide de mercure, appliqués à l'aide d'un pinceau au plancher vertébral du gosier, sur la partie qui correspond au plexus pharyngien, amènent des contractions tétaniques, comme électriques, sur les membres paralysés exclusivement, et finissent par guérir les paralysies.*

On voit que le mode d'action du caustique ammoniacal sur

la paroi postérieure du pharynx, ou plutôt sur le plexus pharyngien, opère comme l'électricité, mais non pas tout-à-fait de la même manière, puisqu'il y a, en sus, une cautérisation locale, suivie d'un retentissement sur l'axe cérébro-spinal. Ce caustique, diffusible, a une double propriété. C'est donc pour la thérapeutique une voie nouvelle ouverte aux expérimentations.

On s'est servi dans l'amaurose du collyre sec ammoniacal, c'est-à-dire qu'on présente, un peu au-dessous de l'œil paralysé, une fiole débouchée d'ammoniaque liquide, dont la vapeur irritante qui s'en dégage va frapper la cornée et la conjonctive, y provoque une irritation vive, passagère, avec larmoiement et commotion cérébrale. Cette médication est rationnelle, et remplit deux indications urgentes à la fois; aussi a-t-elle été souvent couronnée de succès.

J'ai lu dans le *Bulletin général de Thérapeutique* du 30 août 1834, un mémoire de M. le docteur Serre, d'Uzès, sur la *cautérisation cornéenne* dans le traitement de l'amaurose et de la mydriase. L'auteur rappelle d'abord que, long-temps avant lui, on avait eu l'idée de porter une médication irritante sur la cornée, dans le but de guérir l'amaurose; que les anciens faisaient, dans ce but, des frictions avec des épis de blé; que Taylor, jadis, frottait cette membrane avec une pierre ponce ou une lame d'or garnie d'aspérités. La méthode de M. Serre est beaucoup plus simple, plus facile et moins douloureuse : on se sert du nitrate d'argent fondu. Ce procédé consiste à promener légèrement sur le segment inférieur de la cornée lucide (le lieu est de rigueur) un petit crayon de nitrate d'argent fondu, jusqu'à l'apparition d'un petit nuage sur le point cautérisé; alors on lave l'œil à grande eau, pour dissoudre l'excédant du caustique et diminuer l'irritation passagère qui est le résultat de la cautérisation. M. Serre rapporte huit observations de guérison; la plupart ont trait à des amauroses qui avaient apparu presque subitement, et dont la durée ne datait que de très-peu de temps, ou bien à des mydriases dépendant de violences extérieures. Je ne sais si ce moyen réussirait dans l'amaurose chronique, et je doute aussi que cette simple cautérisation vaille celle que produit la vapeur d'ammoniaque sur la cornée, genre de cautérisation qu'accompagne une secousse nerveuse des plus favorables.

M. Ducros, dans la cautérisation pharyngienne pour des cas

d'amaurose, se contente de l'ébranlement nerveux que produit l'ammoniaque; il respecte l'œil. L'expérience viendra-t-elle confirmer ce mode de traitement? Je l'espère; mais je n'ai pas eu l'occasion de le mettre en pratique.

Un de nos estimables confrères, qui a essayé la cautérisation pharyngienne dans l'asthme, selon la méthode de M. Ducros, m'écrit la lettre suivante pour me donner des détails que je l'avais prié de me faire parvenir à ce sujet :

« Monsieur et ami,

» C'est avec beaucoup de plaisir que je souscris au désir que vous m'avez témoigné de connaître le résultat de l'application que j'ai faite de l'ammoniaque liquide, aux différentes espèces d'asthme qui se sont présentées dans ma pratique.

» J'ai employé l'ammoniaque dans trois cas d'asthme convulsif, sans pouvoir y rattacher aucune lésion concomitante des poumons, des bronches et du cœur, lésions qui forment autant de variétés de l'asthme symptomatique.

» La première observation a trait à un employé des douanes, lequel fut pris, dans la nuit, d'une toux violente avec sifflement, dyspnée des plus intenses, allant jusqu'à la suffocation. J'appliquai le moyen vanté par M. Ducros, et, cinq minutes après cette application, il eut la respiration libre. Trois jours plus tard, il put reprendre son service. Cet employé se nomme Dubois. Depuis dix-huit mois il n'a plus eu de crises violentes, et, avec quelques cigarrettes de stramoine, il calme de suite l'oppression qui survient de temps à autre, sans pour cela discontinuer ses occupations.

» La deuxième observation se rapporte à un individu demeurant rue Saint-Joseph, atteint d'asthme convulsif depuis longues années, et qui n'avait été que légèrement soulagé par les saignées, les vomitifs et les anti-spasmodiques. De tous les moyens qu'il a mis en usage, l'ammoniaque est celui qui lui a procuré le plus de soulagement. Il y a long-temps que je ne l'ai revu.

» Le sujet de la troisième observation est un employé des douanes, demeurant rue Sainte-Eugénie, n° 25, chez qui l'asthme s'est montré depuis plus de quinze ans. Entré dans mon service depuis deux ans, cet homme a eu deux crises d'asthme sec; j'ai employé l'ammoniaque avec le plus grand succès, puisqu'il a pu respirer tout à son aise le jour même de l'opération, ce qu'il n'avait pu faire qu'avec grand'peine depuis plus de huit jours.

» J'ai mis aussi en usage ce mode de cautérisation pharyngienne chez plusieurs malades, chez qui l'asthme se compliquait de bronchite suraiguë, avec dyspnée et orthopnée même. Mme B., cours du Trente-Juillet, a été traitée, dans quatre ou cinq circonstances, de la même manière, et au moment où la suffocation était imminente et où la maladie avait résisté aux saignées et aux autres moyens usités en pareil cas, j'ai pu, par l'ammoniaque, rendre la respiration libre, parfaitement libre, et réduire la maladie à l'état de simple bronchite.

» Mme P.... est atteinte d'un asthme héréditaire, tantôt nerveux sec, tantôt humide et compliqué de phlegmasie du larynx et des poumons. Je l'ai vu coïncider plusieurs fois avec des vomiques. Il n'est pas de soins que cette dame n'ait reçus depuis plus de douze ans. Les uns sont restés sans effet, les autres n'ont soulagé que modérément. J'ai tenté la cautérisation pharyngienne; et, la première fois, au milieu d'une crise violente, l'ammoniaque a rendu le calme à la respiration; mais la contraction de l'arrière-gorge était si forte, qu'il a fallu recommencer trois fois la même opération avant de pouvoir produire l'effet indispensable.

» En résumé, mon cher monsieur, j'ai eu occasion d'employer l'ammoniaque depuis deux ans et demi, environ une vingtaine de fois, avec des succès plus ou moins marqués. Un seul cas présente des doutes, et je dois le transcrire ici. Une jeune demoiselle se trouvait chez moi au moment où je pratiquais, dans mon cabinet, la ténotomie pour un cas de bégaiement, en présence de M. le docteur Chaumet. Cette personne était fortement asthmatique, et je priai mon confrère d'assister à l'application de l'ammoniaque que j'allais faire à la paroi postérieure du pharynx de cette jeune fille. La dyspnée, chez elle, était très-intense; à peine pouvait-elle marcher; elle offrait une déviation et une gibbosité dans la colonne vertébrale; elle avait toujours été valétudinaire. La suffocation produite par ce moyen héroïque fut longue et pénible à supporter; mais au bout de cinq minutes, le calme se rétablit et la respiration fut libre; un mieux sensible s'ensuivit. De retour chez elle, elle put se coucher et reprendre ses occupations le lendemain. Je ne l'avais pas vue depuis trois jours, quand on vint me chercher précipitamment. Arrivé près de la malade, je la trouvai dans un état déplorable ; elle était suffoquée, la face était rouge-livide, les lèvres presque noires, le pouls concentré et intermittent. Elle fut saignée largement vers cinq heures et mourut à six.

» Il serait peu équitable de rapporter la mort de cette jeune fille à la cautérisation pharyngienne, pratiquée trois jours auparavant et qui avait eu les plus heureux résultats, puisque la malade avait pu se livrer à des travaux de couture. Je pourrais joindre d'autres faits à ceux-ci, mais je ne le crois pas nécessaire.

» Sans vouloir m'appesantir sur l'étiologie de l'asthme, et combattre les idées émises sur sa nature, je vous dirai que j'ai toujours pu séparer les symptômes de cette maladie d'avec les symptômes d'autres affections avec laquelle elle marche ordinairement ; qu'elle est toujours bien distincte de la bronchite des lésions matérielles du cœur et des poumons, et la preuve c'est qu'on peut l'enrayer sans troubler la marche des affections qui la compliquent ; que c'est toujours un état spasmodique provoquant les contractions des muscles du pharynx, du cou, de la langue, du voile du palais, du larynx même, et occasionnant un rétrécissement des voies aériennes, capable d'intercepter tout passage à l'air, de provoquer l'asphyxie complète et la mort, terminaison fréquente en certaines contrées d'Amérique, où l'asthme *essentiel* est commun. La structure nerveuse des parties composant l'appareil vocal est assez compliquée, pour qu'on s'explique ces phénomènes ; elles sont soumises à l'influence du nerf glosso-pharyngien et du pneumo-gastrique, qui ont des anastomoses par l'intermédiaire du rameau pharyngien. Les filets nerveux sont si multipliés dans cette région, que leur entrecroisement forme des plexus assez volumineux, et même des ganglions. On comprendra dès-lors comment une cause quelconque, retentissant sur l'axe cérébro-spinal, peut produire des effets spasmodiques si bizarres, si extraordinaires quant à leurs effets, leur marche et leur durée, s'il s'y joint une prédisposition organique et constitutionnelle, car l'asthme ne se montre pas dans toutes les bronchites ni dans toutes les maladies de l'arbre circulatoire. Ces idées ont sans doute porté M. Ducros à considérer les nerfs pharyngiens comme frappés, dans l'asthme, par un principe morbifique tout particulier (1) qui provoquerait en eux une *névrite*. Telles étaient aussi mes idées, car j'avais, depuis plusieurs années, tenté l'application dans l'arrière-bouche d'excitans très-forts, mais d'une action encore trop faible. J'avais porté dans une cassolette à recouvrement le vinaigre aromatique, dit des Quatre-Voleurs, et l'acide acétique radical; mais les patiens ne pouvaient pas attendre assez long-temps le dégagement de la vapeur acide, et l'effet était manqué par le défaut d'énergie du remède. L'ammoniaque a rempli toutes ces conditions avec fruit. Ce moyen a-t-il eu une action spécifique? Non sans doute : il ne faut pas s'arrêter à cette idée. Placé contre le pharynx, le principe volatil de l'ammoniaque y produit une action excitante, ainsi que sur ses dépendances, et, à l'aide d'un mouvement perturbateur porté jusqu'à l'asphyxie momentanée, l'équilibre se rétablit.

» L'application de l'ammoniaque contre la paroi postérieure du pharynx est assez difficile. Je me sers à cet effet d'un compresseur de la langue, qui l'embrasse dans sa base, et que je maintiens abaissée sans exercer ni trop d'efforts ni trop de violence, pendant qu'avec l'autre main je porte, derrière le voile du palais, une tige en argent recourbée, et qui retient un morceau d'éponge trempé dans l'ammoniaque à 25°. Il faut avoir soin de presser un peu cette éponge au préalable, pour éviter que quelques gouttes du caustique ne tombent dans l'arrière-gorge, car on y produirait la vésication. Dans un cas, par un mouvement intempestif du malade, j'ai provoqué une angine des plus graves, avec escarre du pilier gauche du voile du palais.

» Les effets de cette cautérisation sont instantanés et un peu effrayans, quand on n'a pas l'habitude d'en faire usage. A peine êtes-vous arrivé dans l'arrière-bouche, ce qui est fort difficile chez un malade dont la respiration est si précipitée et l'anhélation si grande, que le pharynx demeure frappé de stupeur au moindre dégagement de l'alcali ; vous pouvez alors le placer dans le lieu d'élection et le maintenir en place aussi long-temps que possible ; le temps le plus long est une ou deux secondes, car le

(1) Je ne sais si telles ont été les idées de M. Ducros; je les ai expliquées différemment. (*Note de l'auteur du mémoire.*)

malade s'agite, ses yeux deviennent hagards, il manifeste de l'inquiétude; il faut tout retirer avec précaution, car, dès-lors, la respiration est tout-à-fait suspendue, et cette asphyxie se prolonge pendant une ou deux minutes au plus. Le malade cherche l'air et fait de vains efforts pour respirer; il faut lui parler, l'encourager, le rassurer, lui faire entrevoir le moment très-prochain où le mieux va arriver; lui serrer les mains et ne pas paraître préoccupé, sur toute chose, car il a les yeux fixés sur votre visage. Peu à peu le calme renaît, l'introduction de l'air dans la poitrine se fait avec moins de gêne : cinq minutes suffisent pour rétablir les fonctions respiratoires.

» La première inspiration vous donne alors la mesure du résultat de l'opération. Le plus ordinairement, l'effet en est complet; il y a un mieux sensible qui, chez quelques individus, suffit pour juger la crise, et qui n'atteint qu'en partie le but chez quelques autres. Une remarque très-importante, c'est que, dans l'asthme compliqué de bronchite, le remède employé n'exerce aucune influence fâcheuse sur la marche de l'affection catarrhale. Voilà mes idées les plus générales sur cette thérapeutique. Je dois dire avec franchise qu'aucune médication ne m'a paru exercer d'influence plus prompte et plus sûre dans l'asthme, et que, dans cette cruelle affection, l'indication la plus urgente c'est de procurer au malade les moyens de respirer facilement. Il serait certainement possible de donner plus d'extension à ce sujet intéressant, mais je limite là les réflexions que vous m'avez prié de vous communiquer, vous laissant le soin d'en faire l'usage que vous croirez nécessaire dans l'intérêt de la science.

» Bordeaux, le 19 mai 1844. F. Péraire. »

Dans l'asthme, six à huit gouttes d'ammoniaque, sur cent vingt grammes de véhicule sucré, à prendre tout à la fois ou par cuillerées rapprochées, produisent le plus souvent une amélioration prompte et manifeste. Comment agissent ces quelques gouttes d'ammoniaque ainsi étendues? Y a-t-il de l'analogie avec ce qui se passe lorsqu'on porte un pinceau imbibé d'ammoniaque pure sur la paroi postérieure du pharynx, selon la méthode de M. Ducros? Je le crois sans peine, car bien qu'étendu, cet alcali, éminemment volatil, titille, ébranle la portion du nerf pneumo-gastrique qui se rend à l'estomac ; ce double nerf transmet de suite au *sensorium commune* la secousse qu'il a reçue, d'où réaction favorable du cerveau sur la respiration, laquelle avait déjà éprouvé un *stimulus* salutaire et immédiat, par la branche que ce nerf envoie au poumon.

Par induction, je traiterais la coqueluche comme l'asthme proprement dit, les révulsifs extérieurs et la pommade d'Autenrieth, par exemple, et le julep de 120 grammes avec 6 gouttes d'ammoniaque. Je ne sais si l'on pourrait recourir à la cautérisation pharyngienne ; je ne m'y hasarderais pas, à cause du peu d'ampleur, chez les jeunes sujets, de cet organe, ainsi que du larynx, et aussi de peur d'entraîner l'asphyxie complète. Dans l'asthme aigu des enfans, ou asthme de Millar (affection qu'on confond, à tort, avec le croup, puisqu'elle n'a de commun avec ce dernier que l'asphyxie plus ou moins complète, sans aucune trace de phlegmasie), le même traitement serait applicable.

Dans les spasmes du pharynx, de l'œsophage, de l'intestin grêle, du rectum, de l'anus, de la vessie, de l'urèthre, du vagin, on n'a point, que je sache, tenté l'emploi des caustiques pour les faire cesser. Je crois néanmoins que des spasmes de l'urèthre, pris pour des rétrécissemens organiques, ont pu guérir par la cautérisation avec le nitrate d'argent, qui amène une substitution dans le mode d'irritation de la muqueuse.

Quant à l'iléus, ou entéralgie spasmodique, maladie que j'ai traitée un grand nombre de fois, je me suis parfaitement trouvé de l'application de vésicatoires au ventre, vis-à-vis le point douloureux, sur la plaie desquels je mettais quelques atômes d'un sel de morphine.

La gastralgie et l'entéralgie proprement dites ont été traitées avec succès par des sels d'argent pris à l'intérieur. Ruef prescrit pour la cure de ces névroses les pilules suivantes :

| | | |
|---|---|---|
| Nitrate d'argent............ | | 5 décigrammmes. |
| Extrait de pissenlit.... | } ââ | 5 grammes. |
| Poudre d'iris............ | } | |

F. S. A. 40 pilules, à prendre une le matin et l'autre le soir, dans les gastralgies idiopathiques.

Je pourrais m'étendre sur ce sujet et donner des observations y relatives ; j'y reviendrai quand il s'agira de l'emploi des caustiques dans les phlegmasies gastro-intestinales.

L'angine de poitrine, que l'on regarde comme un véritable spasme du cœur, doit être traitée, comme on le sait, par les révulsifs les plus puissans sur la peau, tels que vésicatoires, cautères, moxas. Le traitement proposé par M. Ducros me semble devoir lui être appliqué avec fruit.

J'ai omis à dessein, en parlant des névralgies, de traiter de l'usage des caustiques dans la gastralgie et l'entéralgie, dont je parle à propos des névroses, parce que, pour moi, ces affections me semblent plutôt appartenir à cette dernière classe qu'à la première.

## CHAPITRE III.

### DES CAUSTIQUES DANS LES MALADIES DU SYSTÈME SANGUIN.

Je comprendrai sous ce titre, dans ce cadre, en le faisant prêter un peu, la phlébite, les varices, l'artérite, l'anévrisme, les tumeurs érectiles, les fongus, les *nœvi* et les engorgemens de la thyroïde et de la rate.

J'ai cru devoir parler du fongus considéré comme affection sanguine, parce qu'en effet il emprunte au système sanguin l'élément principal de sa substance. Que sont-ce en réalité que les fongus ? « Des tumeurs ordinairement douloureuses, à surface » inégale, charnues et spongieuses, rouges, d'une consistance » *variable*, mais en général assez faible pour se laisser déchirer » avec facilité, et dont les caractères les plus marqués sont de » fournir, quand on les divise, *beaucoup de sang qui s'échappe* » *en nappe de toute la surface de la solution de continuité.* » (Roche et Sanson, *Élémens de Pathologie.*)

I. *Phlébite.* — M. Brèschet, le premier, a donné le nom de phlébite à l'inflammation de la membrane interne des veines. Cette affection, avant lui, était à peu près méconnue par les pathologistes. On divise la phlébite en *traumatique* et en *capillaire* ou *puerpérale*. La phlébite *adhésive* est nécessaire dans les plaies suites des amputations ; elle ne devient digne de toute l'attention du chirurgien que lorsqu'elle est *suppurative*, car alors a lieu la résorption purulente, et par suite l'infection qui donne lieu aux accidens typhoïdes, le plus souvent mortels, qui se compliquent de plusieurs foyers purulens dans des régions plus ou moins éloignées et dans tel ou tel viscère.

Le premier effet de toute phlébite est la coagulation du sang avec adhérence aux parois du vaisseau, circonstance qui amène nécessairement l'interception du cours de ce liquide ; et si les veines collatérales ne peuvent suppléer la veine obstruée, il y a stagnation du sang veineux et de la sérosité dans les parties correspondantes ; d'où l'œdème, et, dans la veine enflammée, l'aspect d'un cordon dur et douloureux.

La saignée amène quelquefois la phlébite ; mais la contusion des veines, les déchiremens de leurs parois, les compressions, les ligatures surtout, sont suivis de ce funeste accident. Les varices donnent une prédisposition à la phlébite ; l'arthérite peut communiquer son état phlegmasique aux veines ambiantes.

M. Bonnet a publié, dans la *Gazette Médicale*, année 1843, un mémoire bien remarquable, bien digne de toute l'attention des chirurgiens consciencieux, dans lequel se trouve le passage suivant :

« En me livrant, dit-il, à l'étude de la phlébite et de l'infection » purulente, j'ai été conduit à reconnaître la différence profonde qui sépare les solutions de continuité *produites par la cautérisation*, de celles produites par l'instrument tranchant ; » tandis que ces dernières (résultant de l'instrument tranchant) » exposent à des érysipèles, qui de la plaie se propagent rapidement aux parties environnantes, exposent à des phlébites » qui peuvent gagner le tronc, à des résorptions putrides ou purulentes ; en un mot, à des lésions qui, de la partie blessée, » s'étendent aux parties saines, et qui, primitivement locales, » peuvent devenir générales. La cautérisation n'expose ni aux » érysipèles ambulans, ni aux phlébites qui se propagent au » tronc, ni à la résorption putride ou purulente.

» La cautérisation enflamme, sans doute, toutes les parties » qui entourent les tissus détruits ; mais cette inflammation reste locale : elle ne se propage pas le long des veines, des canaux » médullaires, etc. Bien plus, lorsqu'une plaie *par l'instrument* » *tranchant* a produit les accidens précités, la cautérisation à » temps, convenablement pratiquée, peut arrêter ces accidens, » *substituer une altération locale* à l'altération qui menaçait » l'organisme tout entier.

En effet, si la phlébotomie, qui est la moindre de toutes les opérations sanglantes, est souvent suivie de phlébite, que doit-il arriver dans des opérations majeures, où une grande quantité de veines sont coupées, irritées par des corps étrangers et par le pus qui doit se former nécessairement? Aussi qui de nous n'a vu, chez des personnes pleines de vie et d'avenir, survenir des phlébites mortelles à la suite d'opérations par le bistouri? L'enlèvement d'un simple lipôme, d'une petite tumeur hémorrhoïdale peut être suivi de la mort la plus affreuse. Aussi les opérations de complaisance, c'est-à-dire faites quelquefois dans le but unique d'en retirer le salaire, doivent être bannies à tout jamais de la pratique chirurgicale.

Dans un mémoire que M. Bonnet publia en 1839 (*Archives générales de Médecine*), il s'appliqua à démontrer que l'ouverture ou la destruction des veines variqueuses des membres par les caustiques produit une inflammation adhésive qui reste toujours locale, et n'expose jamais à la résorption purulente. Mille cas au moins de cautérisation de veines variqueuses, pratiqués par MM. Bonnet, Auguste Bérard et Laugier, n'ont été suivis qu'une seule fois de phlébite, et encore le malade, que dirigeait M. A. Bérard, n'avait pas gardé le repos absolu, avait marché comme avant l'opération. Cette proposition démontrée, à savoir que l'inflammation provoquée par les caustiques reste *toute locale*, M. Bonnet, par extension, par induction rationnelle, en est venu à avancer et à prouver que la cautérisation profonde des veines tend à localiser les phlébites qui se propagent au tronc, et qui sont la suite d'une plaie faite par *l'instrument tranchant*. « Si ces dernières plaies, ajoute M. Bonnet, produisent une al-
» tération qui tend à devenir mortelle, en se propageant aux vis-
» cères les plus importans, et que la cautérisation guérisse ces
» lésions en les fixant dans les membres, ce résultat prouve bien
» la différence des deux méthodes opératoires. »

C'est à M. Récamier que M. Bonnet doit l'idée de vouloir arrêter la marche des phlébites par la cautérisation. « Étant interne,
» dit-il, M. Récamier m'ordonna de cautériser, avec un pinceau
» trempé dans du nitrate acide de mercure, une plaie d'une veine
» qui avait été saignée, et dans laquelle une inflammation doulou-
» reuse se propageait au bras. » Cela se passait à l'époque où le physiologisme était le plus florissant, et M. Bonnet fut tout éton-

né du résultat de la cautérisation, qui lui semblait alors bien peu orthodoxe.

Les résultats de l'autopsie, ainsi que des phénomènes observés pendant la vie de l'individu qui succomba par suite des progrès fâcheux d'une phlébite, firent penser à ce médecin qu'à la suite de la saignée l'inflammation avait pris un caractère putride qui s'était propagé rapidement au reste de l'économie, et que la cautérisation, pratiquée sur le point de départ du mal, aurait bien pu en arrêter les progrès, comme elle le fait dans la gangrène humide. « Je ne tardai pas, poursuit M. Bonnet, à trouver » l'occasion d'appliquer les idées que ce malheureux avait fait » naître dans mon esprit. »

Observation première (*citée par M. Bonnet*).

Le nommé Joseph Benoît, âgé de quarante-neuf ans, fut saigné le 30 avril 1839. Neuf jours après, la moitié interne du bras était couverte de phlyctènes ; il y avait suppuration gangréneuse du tissu cellulaire du bras.

M. Bonnet incisa, avec le *cautère cultellaire*, la peau de la partie interne du bras, depuis le pli du coude jusqu'à l'aisselle, et, ayant mis à nu le tissu cellulaire, il y éteignit successivement dix fers rouges. Pansement de la plaie avec des compresses trempées dans l'eau et du vinaigre. Dès ce jour, diminution de la douleur, du gonflement, calme en un mot. Une seconde cautérisation devient nécessaire néanmoins, sur des parties nouvelles qu'avait atteintes la gangrène. La plaie finit par se dessécher complétement et le malade sortit guéri au bout de deux mois.

Observation deuxième.

*Phlébite guérie par la cautérisation avec le fer rouge, par M. E. Davaux, docteur-médecin à Colombière, département du Calvados* (*Bulletin de Thérapeutique*, 1843, 15 *et* 30 *septembre*.)

La nommée Félicité avait mal à la gorge depuis deux jours ; M. Davaux, appelé le 14 juillet 1843, entre autres moyens, eut recours à deux saignées du bras. Le 16, vive douleur au bras sur lequel a été pratiquée la première saignée; la petite plaie n'est pas cicatrisée; du pus s'échappe par la pression. (Cataplasmes émolliens chauds sur la plaie.) Le 17, les douleurs sont plus intenses. La saignée, cause de la phlébite, a été faite sur la médiane basilique; et, en suivant le trajet de cette veine basilique, qui, chez cette malade, paraît se prolonger jusqu'à la veine axillaire, au lieu de s'unir à la brachiale, on sent sous le doigt, dans une longueur de six à sept centimètres, un cordon résistant et douloureux. La pression fait refluer de la veine du pus sanguinolent et mal lié, circonstances qui ne permettent plus de doute sur la phlébite. (Force sangsues, onctions mercurielles.) Le 18, apparence de mieux; mais, peu après, le mal fait de nouveaux progrès, si rapides, que l'inflammation n'a plus que trois centimètres à franchir pour arriver au creux de l'aisselle. Effrayé de la marche rapide de la phlébite, et se rappelant les succès que M. Bonnet, de Lyon, avait obtenus, dans des cas analogues, par l'emploi du cautère actuel, ce praticien recourut immédiatement au fer rouge. Le cautère étant rougi à blanc, on le promène *transversalement* au-dessus du point le plus élevé envahi par la phlébite; puis, deux lignes de cautérisation sont tracées, *parallèles*, et presque contiguës à la veine enflammée, depuis les deux cautérisations transversales, l'une supérieure et l'autre inférieure, jusqu'au coude; enfin, on pratique une troisième cautérisation transversale, au niveau de la saignée; des serviettes, trempées dans de l'eau froide, sont placées autour du bras, qu'on change pour d'autres à mesure qu'elles s'échauffent.

Le 19 au matin, les douleurs de la brûlure l'emportent de beaucoup sur celles que provoquait la phlébite, laquelle n'a pas dépassé la limite tracée par la cautérisation transversale supérieure. On dut, dès lors, espérer la guérison. Le 20, la tumeur est moindre; le 21, amélioration graduelle; le 23, on n'avait plus qu'à s'occuper d'une plaie tout-à-fait superficielle; le 27, la plus grande partie de la plaie est cicatrisée; l'extension peut être obtenue complétement, sans beaucoup de douleurs; le 29, mouvement parfait, cicatrisation complète. Au 6 août suivant, état de santé comme avant la maladie.

Je n'ai trouvé aucun nouveau cas de phlébite traumatique simple dans lequel la cautérisation ait été employée.

M. Bonnet cite quatre cas qui ne sont pas tout-à-fait identiques à ces deux : il s'agit d'inflammation simultanée des veines et des vaisseaux lymphatiques, par suite d'une piqûre faite en disséquant. Ce genre d'affection s'étend de proche en proche, et, parti d'un point donné, il s'avance progressivement vers le tronc. La cautérisation en arrête la marche, fixe l'irritation dans le lieu qu'elle occupe, la rend toute locale, et lui enlève son danger.

Quatre étudians en médecine sont les sujets des observations citées par M. Bonnet; chez tous, les membres piqués étaient tuméfiés dans tous les sens, et des lignes rouges, sur le trajet des lymphatiques et des veines, s'étendaient de la piqûre à une partie plus ou moins rapprochée du tronc.

On fit des cautérisations profondes, avec un fer rouge pointu, dans le lieu blessé par le scalpel, et on passa des cautères cultellaires sur toutes les lignes rouge-livide.

Comme l'amélioration a été constamment immédiate et la guérison prompte, ces observations ont une grande valeur, pour démontrer la puissance avec laquelle la cautérisation fixe les maladies qui tendent à se propager des membres au tronc.

Ainsi donc, en combinant la cautérisation inhérente ou profonde, *loco dolenti*, et la transcurrente le long des vaisseaux veineux ou lymphatiques, on est en droit d'attendre la fixation du mal, et plus tard la guérison des plaies faites par des scalpels souillés, plaies qui sont pour le moins aussi dangereuses que la morsure d'une vipère mise en fureur.

II. *Phlébite traumatique et suppurative, ou résorption purulente.* — Les anciens désignèrent sous les noms d'abcès métastatiques, et plus récemment sous celui d'infection purulente, ce qu'aujourd'hui nous appelons résorption purulente, phlébite traumatique, capillaire ou suppurative.

La phlébite traumatique, laquelle donne lieu à des abcès viscéraux, a été admise par MM. Breschet, Dance, Bérard, Blandin, Cruveillier, etc., et par un grand nombre d'autres chirurgiens sur la foi des premiers.

M. le docteur Combes, de Toulouse, a fait un savant mémoire, en trois lettres adressées à M. Viguerie, sur ce sujet (voir les numéros du *Journal de médecine et de chirurgie de Toulouse*, décembre 1842, janvier 1843, et mars même année.)

« Après de grandes opérations, dit-il, sans prodromes comme » sans cause connue, le malade éprouve des frissons légers qui » se répètent plus ou moins souvent dans la journée; ils sont » suivis d'une chaleur à laquelle succèdent des sueurs qui diffè- » rent par leur quantité ou la nature du liquide expulsé. Ces

» accès se répètent, à divers intervalles, d'une manière plus ou » moins régulière, augmentant ordinairement de fréquence et » d'intensité, et, après quelques jours, le malade meurt, pré» sentant quelquefois, outre ces symptômes, la sécheresse et » la couleur blafarde ou grisâtre du moignon, et, pour lésion ana» tomico-pathologique, des abcès disséminés dans divers orga» nes, les poumons, le foie, la rate, des épanchemens dans les » cavités des membranes séreuses, synoviales, etc. »

M. Tessier explique les accidens précités, suites des grandes opérations sanglantes, par la diathèse purulente, c'est-à-dire, par une certaine *faculté sécrétoire*, pyogénique, préexistant à ces mêmes opérations.

Boyer et Dupuytren expliquent la formation des abcès viscéraux, dans les circonstances dont nous parlons, par l'inflammation et la fonte suppurative de nombreux tubercules préexistans, qui n'attendent qu'une cause assez puissante pour les tirer de l'espèce de sommeil, de *statu quo*, où ils étaient plongés, et dans lesquels il seraient indéfiniment restés.

Chez les nouvelles accouchées, on voit surgir aussi des abcès viscéraux métastatiques, que l'on a rapportés à la phlébite utérine capillaire.

Qu'on admette ou non cette phlébite traumatique primitive, la présence du pus dans le sang est un fait bien établi, dit M. Combes, que l'analyse chimique et microscopique y a suffisamment démontré. Que ce liquide soit dû à une phlébite des veines du membre blessé, qu'il soit absorbé en nature à la surface de la plaie, le pus existe dans la circulation; il est l'objet d'un travail éliminatoire de la part de l'organisme, qui tend à s'en débarrasser.

Les solidistes ont nié la formation du pus dans le sang; M. Blandin croit et soutient que le pus, formé sur les parois des veines enflammées, est transporté dans le parenchyme des organes; M. Velpeau, que le pus se sépare du sang par décantation; M. Bérard pense que les abcès métastatiques des organes sont provoqués par le pus charrié par le sang. Le pus, non altéré, peut circuler avec le sang, sans porter avec lui des qualités funestes.

Il y a deux sortes de symptômes dans la résorption purulente, selon que le pus, voituré dans le sang, est louable ou altéré.

Dans le premier cas, il y a fièvre d'élimination, en tout semblable à un accès de fièvre intermittente, mais pas d'abcès viscéraux ; dans le deuxième, la fièvre prend l'aspect typhoïde, et il y a apparition d'abcès métastatiques.

La cause de ces abcès est double, ajoute M. Combes : il y a des accidens dus à la présence du pus, accidens qui se localisent, soit dans la partie vulnérée, soit dans le point plus ou moins éloigné qui devient le siége de la collection purulente ; il y a aussi des phénomènes physiologico-pathologiques qui se passent dans l'organisme en général.

Quel traitement devra-t-on adopter pour prévenir ou guérir la résorption purulente qui est le plus souvent funeste ?

« Dans les symptômes qui indiquent pendant la vie la résorp- » tion purulente, on peut distinguer deux époques : 1° celle qui » précède les frissons ; 2° celle qui succède à ces frissons. Dans » la première on peut craindre la mort, mais on peut opérer la » guérison; dans la deuxième la mort est inévitable, et les excep- » tions sont si rares qu'on ne doit rien changer au pronostic. » Dans la première période, celle qui précède la fièvre avec fris- » sons, la plaie est grisâtre, elle ne se réunit point, et les ma- » tières qu'elle produit sont toujours plus ou moins fétides. Au- » tour de la plaie se manifestent des érysipèles, des phlegmons, » ou des suppurations des veines ou du canal médullaire ; il y a » en même temps fièvre brûlante, soif ardente, prostration ex- » trême des forces ; les selles sont fétides. Il n'y a, du reste, ni » somnolence, ni délire, comme dans la *résorption putride*, ni » vomissemens bilieux, comme dans les accidens qui succèdent » à l'ouverture des grands abcès. A cette période, la cautérisa- » tion a une puissance énergique pour arrêter le développe- » ment des symptômes généraux (1). »

M. Bonnet, et tous les praticiens avec lui, ont remarqué que les plaies par instrument tranchant peuvent devenir le point de départ de plusieurs accidens qui leur sont spéciaux, et qui, de la solution de continuité, s'étendent de proche en proche, en exerçant une influence funeste sur l'économie tout entière. De ce

---

(1) Voyez le savant et intéressant mémoire de M. Bonnet, de Lyon, imprimé dans *la Gazette Médicale* de Paris (année 1845).

nombre sont les érysipèles ambulans, le tétanos et la phlébite.

M. Larrey a borné par le fer rouge des érysipèles survenus à la suite de plaies par l'instrument tranchant, et les accidens locaux et généraux ont disparu.

Deux cas de tétanos, survenant après l'amputation d'un membre, ont été victorieusement combattus, à l'aide du cautère actuel, par le même praticien.

Par induction, M. Bonnet propose de tâcher de prévenir ou d'arrêter dans son cours la résorption purulente, s'appuyant sur ce principe que l'expérience lui a suffisamment démontré, à savoir que la cautérisation elle-même n'expose pas à la résorption purulente, et que les solutions de continuité, qui succèdent à la chute des escharres, ne deviennent jamais le point de départ de ce terrible accident.

Voici ses propres paroles : « Suivant une méthode usitée depuis » long-temps à l'Hôtel-Dieu de Lyon, et mise en pratique par » M. Gensoul, j'ai extirpé un grand nombre de fois des lèvres can- » céreuses avec le fer rouge ; j'ai enlevé un nombre bien considé- » rable de tumeurs, au moyen de l'action combinée du caustique » de Vienne et du chlorure de zinc, d'après la méthode de M. Can- » quoin ; j'ai appliqué cette méthode à des squirrhes et des » encéphaloïdes du sein, à des tumeurs érectiles de la face, à » des loupes du cuir chevelu et du dos, à des glandes infil- » trées de suppuration ou des tubercules situés au cou, aux ais- » selles, aux aines, etc. Dans ce nombre considérable d'appli- » cations de caustique, je n'ai jamais vu la décomposition pu- » tride des matières répandues à la surface de la plaie, et » encore moins la résorption purulente. » Ces faits, dit-il, sont conformes aux faits relatés par tous les praticiens qui ont usé de la cautérisation.

Pour ma part, je l'ai employée, un assez grand nombre de fois, dans divers cas, et toujours avec bonheur et sécurité.

M. Combes, de Toulouse, que j'ai cité déjà, n'est pas partisan de la cautérisation, et dit à ce sujet : « *Quid* du fer rouge de M. Larrey, *éternel chauffeur*, qui semblait vouloir condamner au feu tous les obstacles qui enraient la machine humaine ? *Quid* de l'acétate d'ammoniaque, de l'eau de Luce ? » C'est avec peine qu'on entend de la bouche d'un médecin aussi distingué que

M. Combes cette boutade, adressée à une des gloires de la France et de la chirurgie, parce que M. Larrey appuyait une méthode de traitement actif, qui n'est pas d'accord avec celle, très-rationnelle d'ailleurs, que propose notre confrère de Toulouse dans la résorption purulente. Il est vrai de dire que la plus grande obscurité règne sur le traitement des abcès viscéraux; que Sanson n'a vu survivre qu'un seul individu présentant les symptômes de résorption purulente; que Monod disait dans un discours (Paris, mars 1831) : « Tous les amputés, moins un, sont morts avec des abcès dans les viscères. » M. Combes se demande si la mortalité qui suit les grandes opérations a toujours été aussi considérable qu'elle l'est aujourd'hui. L'infection purulente, qui a existé de tout temps comme individualité morbide, selon toute probabilité, a pris de nos jours un notable accroissement. « Je demanderai, ajoute-t-il, si la mortalité, par » suite des abcès viscéraux, après les grandes opérations, est aussi » considérable dans les autres contrées de l'Europe ou de l'Amé- » rique que dans notre France, si savante en chirurgie, et je serai » forcé de reconnaître, dit-il, que s'il faut en croire les relevés » statistiques de tous les grands hôpitaux, nos succès sont moins » nombreux que ceux qu'obtiennent journellement encore les An- » glais, les Allemands, les Italiens, les Américains, qui, si j'ai » bonne souvenance, ont écrit l'année dernière (1841) que sur un » assez grand nombre d'amputés, aucun n'était mort à la suite » de ces graves opérations. » Ce médecin ajoute qu'il serait ab- » surde de supposer que nos procédés opératoires sont inférieurs » à ceux de l'ancienne chirurgie ou des opérations exotiques. — Ne » sera-t-il pas plus rationnel, poursuit-il, d'accuser de nos in- » succès, non la partie opératoire, mais bien la partie médi- » cale, le régime sévère que l'on fait subir aux amputés ? »

Ailleurs qu'en France, on ne suit pas à la lettre le système antiphlogistique; on nourrit légèrement les amputés et les femmes récemment accouchées; aussi voit-on moins souvent surgir, pour les uns et pour les autres, les abcès métastatiques. La femme, récemment accouchée, se trouve presque dans des circonstances identiques à celles d'un amputé. N'a-t-elle pas, en effet, dans l'utérus, une vaste plaie dans le lieu qu'occupait le placenta ?

L'opinion de M. Combes est appuyée sur des données physiologiques irrécusables. « Deux sources, dit-il, viennent fournir » au mouvement de nutrition des organes : la *chylose*, d'a- » bord, comme la plus considérable, et, en second lieu, la » *lymphose*, fruit de l'absorption intérieure. Tant que la première » abonde et fournit assez de matériaux pour remplir le système » vasculaire et lui faciliter l'accomplissement intégral de ses » fonctions, la seconde n'a probablement qu'un rôle secondaire, » et, dans tous les cas, l'absorption qu'elle effectue ne s'adresse » qu'aux molécules récrémentielles, qu'il est dans sa nature de » pomper dans l'intimité des tissus. Mais si, tandis que la faculté » nutritive existe encore dans toute son énergie, la première » source, celle du chyle, vient à manquer brusquement, il est » évident qu'en vertu des lois qui régissent toutes les fonctions or- » ganiques, les instrumens de lymphose redoubleront d'activité » pour combler le déficit de la circulation, pour parer au besoin » de la nutrition générale, et, dans le surcroît dont ils seront » alors le siége, s'empareront non seulement des parties récré- » mentielles pour les lancer dans le torrent de la circulation, » mais encore des molécules de fluides hétérogènes avec lesquel- » les ils se trouvent en contact. *L'absorption des fluides excrémen-* » *tiels succède forcément*, dit le professeur Adelon, *à tout con-* » *tact prolongé.* »

M. Magendie a observé que la lymphe était plus abondante, plus foncée en couleur dans les animaux à jeun, chez lesquels les vaisseaux chylifères ne fournissent rien au canal thoracique. Les veines concourent autant et plus que les vaisseaux lymphatiques à l'absorption des matériaux qui sont transportés dans le torrent circulatoire. Le fluide qui circule dans leur intérieur va, ainsi que la lymphe, se mêler au chyle. Les veines, d'après M. Adelon, effectuent également les *absorptions insolites :* donc le pus peut se mêler au sang de ces vaisseaux, y être charrié ; donc aussi la diète très-sévère peut devenir cause de cette résorption purulente ou putride, chez les amputés et chez les malades soumis à des opérations sanglantes majeures, qui laissent après elles des plaies larges et suppurantes.

L'acétate d'ammoniaque, l'eau de Luce ont été préconisés dans les accidens attribués à la résorption purulente ; ce *caustique diffusible* a la propriété d'imprimer au pus un mouvement centrifuge, de le diriger vers la peau, comme M. Blandin dit l'avoir observé dans une circonstance ; mais le cautère actuel attire toujours un mouvement fluxionnaire vers les parties qu'il touche. Ainsi donc, je crois que l'induction médicale nous portera nécessairement à employer les trois ordres de moyens que je viens de passer en revue, c'est-à-dire, localement la cautérisation, à l'intérieur l'ammoniaque, et qu'on nourrira assez le malade pour empêcher les absorptions *insolites* qui auraient lieu, si la diète était trop sévère.

Le quinquina, anti-périodique, antiseptique et tonique en même temps, devra aussi être mis en usage.

Mais on doit s'étudier principalement à empêcher les absorptions du pus. C'est pourquoi je pense qu'à titre de prophylactique on devra, chez tous les sujets auxquels le bistouri aura fait une vaste plaie, administrer en potion l'acétate d'ammoniaque ou l'eau de Luce ; on leur accordera une nourriture suffisante, et l'on n'usera du cautère actuel qu'autant que les indications seront claires et précises, en ayant soin de temporiser le moins possible, s'il y a urgence.

Comme le pus est absorbé sur les surfaces traumatiques par les vaisseaux normalement chargés de cette fonction, veines et lymphatiques, on évitera, après les amputations, qu'il ne séjourne autour du moignon, et qu'il n'imbibe continuellement les bouches ouvertes de ces vaisseaux absorbans ; pour cela, la réunion dite immédiate ne devra pas être tentée, surtout, dit M. Combes, quand on enlève une surface suppurante, qui servait depuis un certain temps d'émonctoire à l'économie.

Je reviens à l'application du caustique, dans les cas où, après une vaste plaie, une amputation par exemple, le patient est menacé de résorption purulente.

M. Bonnet distingue, comme nous l'avons déjà vu, deux époques auxquelles il attache un grand prix : 1° celle qui précède les frissons de la fièvre pyogénique putride ; 2° celle qui a lieu immédatement après cette dernière.

Pour le premier cas, lorsque les frissons ne se sont pas encore montrés, M. Bonnet dit positivement qu'il croit avoir prévenu par là des résorptions purulentes ; mais une telle opinion, ajoute-t-il, est difficile à prouver. Il n'y a que ceux qui ont les malades sous les yeux, qui sont frappés des résultats obtenus par le fer rouge ou le chlorure de zinc, de la puissance qu'ils ont pour s'opposer aux funestes accidens qui accompagnent si souvent les vastes plaies résultant de l'instrument tranchant ; son but est d'appeler l'attention des praticiens sur la cautérisation des plaies menacées de résorption purulente, et de les engager à répéter des essais dont le résultat lui a paru extrêmement satisfaisant.

Mais lorsque les accès de fièvre avec frissons se sont manifestés, la cautérisation est loin d'être satifaisante ; le mal a déjà fait trop de progrès, le sang est altéré et les viscères intérieurs infiltrés de pus. A cette période M. Bonnet a pratiqué six fois la cautérisation : dans un cas sur une plaie produite par l'extirpation d'une tumeur à la jambe, dans les cinq autres sur des plaies succédant à des amputations. La première opération eut un résultat satisfaisant : le malade guérit après une longue convalescence.

Je citerai la deuxième observation en raccourci. Antoine Mériex, âgé de quarante-six ans, eut la jambe gauche broyée par le chemin de fer, le 17 avril 1842 ; l'amputation fut pratiquée immédiatement. Jusqu'au 25, tout va bien; mais ce jour le moignon devient volumineux et douloureux, les bords de la plaie sont écartés, etc. La soif est vive ; il y a abattement, somnolence, *frissons*, puis transpiration.

Le 29, M. Bonnet fit une vaste application de chlorure de zinc dans toute la cavité du moignon, de manière à en cautériser profondément toute l'étendue (vingt-quatre heures d'application) ; réaction générale augmentée, l'œdème du moignon reste stationnaire, puis il change d'aspect et prend le caractère inflammatoire. Plus de frissons; les escharres se détachent peu à peu, et sont enlevées complétement le 5 mai ; l'état général est tout-à-fait modifié ; l'affaissement, les frissons ont fait place à une fièvre franche et modérée ; la plaie est rouge, vermeille ; elle fournit un pus de bonne nature; l'œdème a presque tout-à-fait disparu ; l'appétit revient; le malade est considéré comme hors de danger. A la fin du mois de juin, cicatrisation complète de la plaie, les forces sont revenues, le malade peut faire quelque léger exercice. Mais, au mois d'août, de vastes abcès se développent au-dessous du triceps, dans la moitié inférieure de la cuisse et dans l'épaisseur du moignon ; ces abcès furent largement ouverts, il s'en écoula une abondante suppuration qui épuisa les forces du malade, et le fit succomber le 5 septembre suivant.

Les quatre autres amputés, cautérisés après les frissons, eurent le même sort : après diverses alternatives de bien et de mal ils succombèrent, tardivement il est vrai ; mais ce n'est pas atteindre le but, que de prolonger seulement les souffrances d'un patient de quelques mois.

Aussi doit-on agir promptement, dans l'imminence de la résorption putride, si l'on ne veut être déçu des espérances flatteuses que peut donner, pendant quelques jours, la cautérisation tardive, c'est-à-dire celle faite après les frissons qui annoncent l'infection putride et qui arrive suivie de tout le cortége des accidens typhoïdes.

III. *Cautérisation des varices.* — La dilatation permanente des veines, produite par l'accumulation du sang dans leurs cavités, porte le nom de *varices*, auquel on donne pour étymologie le verbe latin *variare* (se détourner), à cause des sinuosités des vaisseaux variqueux. Alibert, ne trouvant pas le mot assez rigoureux, y a substitué le terme de *phlébectasie* (de *phlebs*, veine, et *ectasis*, dilatation), qui a l'avantage de définir la maladie elle-même ; expression qui est harmonieuse, et qui néanmoins n'a pas fait fortune et n'a pas passé dans le langage médical.

Les varices peuvent occuper toutes les parties du corps ; mais elles affectent ordinairement les veines superficielles. Elles sont plus fréquentes au membres abdominaux qu'ailleurs, mais on les observe quelquefois aux bras, au cou, à la tête, dans les cavités splanchniques, et au tronc. Morgagni a observé la veine azygos dans un état variqueux : elle offrait le volume de la veine cave. Le malade mourut subitement par suite de la rupture de cette veine.

Les varices du rectum portent le nom d'hémorrhoïdes ; celles du scrotum et du cordon spermatique, de varicocèle et de cirsocèle. On désigne sous le nom de *vénosité* ces espèces de marbrures qu'on remarque à la superficie de la peau du ventre, des cuisses et des jambes chez les femmes qui ont porté plusieurs enfans ; marbrures qui ont quelques rapports avec certains *nœvi*, et qui sont formés par des myriades de vénules dilatées ; ce genre de varices se porte également aux grandes lèvres, au vagin, dans le bassin, aux plexus qui entourent la vessie (1) et l'utérus.

---

(1) Un de nos estimables confrères, le docteur B...., qui est hémorrhoïdaire,

On a dit, avec raison, que les varices sont aux veines ce que les anévrismes sont aux artères ; la phlébectasie affecte diverses formes : tantôt ce sont des cordons saillans, noueux, droits ou sinueux ; tantôt ce sont des renflemens plus ou moins considérables, qui, agglomérés, forment des tumeurs qu'on a comparées à celles produites par l'entrelacement d'un grand nombre de sangsues les unes dans les autres ; ailleurs ce sont des marquetures sous-épidermiques, comme dans les varices nommées par les Allemands *vénosités*, et dont nous venons de dire un mot.

A quelles causes sont dues les varices ? M. le docteur Briquet (dans les *Archives générales de médecine*) a publié un mémoire fort intéressant, dans lequel, contre l'avis de presque tous les chirurgiens, il soutient que les varices sont dues à l'irritation, à l'inflammation, à la sthénie, enfin du système veineux. Elles ne se développent, dit-il, qu'à la puberté ; les enfans en sont exempts, ainsi que les vieillards. Mais c'est surtout de trente à quarante ans qu'elles sévissent le plus cruellement.

M. Briquet insiste beaucoup sur l'abord d'une plus grande quantité de sang dans les veines sous-cutanées, éloignées du centre circulatoire et fonctionnant par conséquent moins bien que les veines profondes satellites des artères, qui leur impriment une succussion incessante due à la systole ; il insiste, dis-je, néanmoins, sur l'abord considérable du sang dans ces vaisseaux sous-cutanés, pour en déduire que cette pléthore locale, loin d'être passive, est dans un état véritablement actif, ainsi que semble le prouver le développement des varices autour des cancers, des tumeurs blanches, comme l'annoncent les phlébectasies succédanées, celles qui se développent à la terminaison d'une maladie inflammatoire ou dans des organes qui sont le siége d'une sécrétion abondante, les mamelles, par exemple. Cette dernière considération porte M. Briquet à combattre les causes physiques et mécaniques des varices, pour leur substituer celles par excès de

---

souffrait de dysurie ; il craignait d'avoir la pierre, et, pour préparer la voie aux instrumens lithotriteurs, il se passait, chaque jour, une bougie dans l'urèthre. Il existait, sans doute, au col de la vessie, lieu de l'obstacle à la libre émission des urines, des veines variqueuses, que l'extrémité des bougies ont déchirées ; une hémorrhagie assez abondante a eu lieu, qui a soulagé totalement le malade, qui urine maintenant à plein canal.

vitalité (1), lequel serait produit par l'accumulation sanguine qui, d'après ce médecin, joue le plus grand rôle dans la production des varices (2).

Il n'est pas en mon projet de suivre M. Briquet dans les développemens qu'il donne à ses raisonnemens tendant à ruiner les causes mécaniques des varices, pour relever celles dues à l'irritation *pléthorique ;* il y a une certaine dose de vérité dans les opinions les plus excentriques en apparence.

Pour plusieurs praticiens, les varices sont de véritables *noli me tangere,* auxquelles on n'a que le traitement palliatif à opposer, c'est-à-dire, la compression méthodique et le repos horizontal (3).

Le traitement curatif a été tenté par l'incision, l'excision, la ligature et la cautérisation.

Fabrice d'Aquapendente a proposé, le premier, la ligature au dessus et au dessous de la varice. Ambroise Paré, Dionis, sir Evrard Home, rapportent plusieurs observations de varices guéries par ce procédé. De nos jours, M. Roux, à son retour d'Italie, où il avait vu mettre en usage le procédé de la ligature avec quelque apparence de succès, tenta, bien malheureusement, ce mode opératoire sur deux voyageurs, porteurs de varices, lesquels, prenant l'Hôtel-Dieu pour une hôtellerie, étaient venus s'y délasser, afin de reprendre des forces et partir au bout de deux ou trois jours. Eh bien ! tous les deux s'étant laissé persuader que la ligature allait les guérir, qu'elle ne présentait ni douleur ni danger, s'y soumirent, et tous les deux aussi succombèrent aux accidens provoqués par cette opération si minime en apparence, et le repos qu'ils s'étaient promis à l'hôpital devait durer toujours (4).

---

(1) La phlébotomie locale que j'ai mis en usage sur la varice elle-même, et avec quelque succès, semble corroborer les idées de M. Briquet par rapport à l'excès de vitalité qu'il suppose exister dans la phlébectasie.

(2) Bordu était de cette opinion, ainsi que Chaussier, et le célèbre Delpech était dans le doute à cet égard.

(3) J'ajoute à ces moyens la plébotomie de la varice elle-même, et les topiques pulvérulens résolutifs, qui ont l'avantage immense de faire disparaître l'œdème qui accompagne presque toujours cette affection phlébectasique, œdème qui devient un obstacle puissant à la circulation veineuse. Ce traitement, dit palliatif, est quelquefois curatif et ne fait courir nul danger.

(4) MM. Béclard, Velpeau, Davat, Frick, Prenaud, Hélot, ont modifié de

Les jeunes chirurgiens sont pleins de foi dans l'omnipotence de leur art, et l'un de nos confrères de Marmande, le docteur Descrambes, ayant lu tout ce que l'on dit à l'avantage de la ligature, porteur lui-même de varices aux jambes, exécuta sur lui-même cette opération, il y a cinq ans environ. Il fit la ligature au moyen d'épingles traversant le calibre de la veine. Cette opération fut tentée, d'abord, sur de petites veines de la jambe, et elle ne produisit aucun résultat. M. Descrambes ayant voulu attaquer la saphène, au dessus du genou, par cette méthode, provoqua une phlébite aiguë, et en deux ou trois jours les accidens, attribués à la résorption purulente, enlevèrent à sa clientelle et à ses amis ce jeune chirurgien, martyr de sa foi en la ligature. Je ne puis m'empêcher de rappeler à ce propos le mot de Dupuytren mourant, dont la confiance en son art était bien amoindrie, puisque, reculant devant la simple opération de la paracenthèse, il dit à ses confrères qui le pressaient d'y consentir : « J'aime mieux mourir de la main de Dieu que de la main des hommes. »

L'incision transversale des veines dans toute l'épaisseur de leur calibre, a été rejetée comme inefficace et dangereuse ; l'excision des veines variqueuses, dans le but d'en obtenir la guérison, a été tentée. Celse en donne la description. Ce procédé opératoire, à l'aide de l'instrument tranchant, a si souvent causé des accidens mortels qu'il a été abandonné ; cependant Jean-Louis Petit, Boyer et Richerand ont quelquefois extirpé des varices avec succès.

Par l'oblitération d'un tronc et d'une branche principale au moyen de la ligature, on ne détruit pas, nécessairement, à tout jamais, les varices des branches secondaires. Ainsi, après avoir couru les risques de la vie, après bien des souffrances, bien du temps perdu, dans un lit, pour une affection peu grave, plus gênante que dangereuse, on ne se trouve pas plus avancé qu'avant l'opération. Si cela n'arrive pas toujours, c'est du moins le plus souvent.

S'il est aussi dangereux d'essayer de guérir les varices par l'excision ou la ligature, en serait-il autrement si l'on use de la cau-

---

différentes manières le procédé de ligature des varices; mais c'est celui au moyen des épingles qui a eu le plus de partisans « Il ne faut pas craindre, dit M. Hélot, de multiplier les épingles ; la procédé est, pour ainsi dire, *innocent.* »

térisation ? Nous avons vu précédemment que M. Bonnet, de Lyon, a prouvé que les plaies produites par l'instrument tranchant exposent à des érysipèles qui de la plaie se propagent rapidement aux parties environnantes ; que ces plaies donnent lieu quelquefois à des phlébites qui peuvent gagner le tronc, à des résorptions putrides ou purulentes, mais que la cautérisation n'expose pas aux érysipèles ambulans, non plus qu'aux phlébites. Ce qui est vrai pour les plaies qui intéressent toute la substance d'un organe l'est aussi quand la cautérisation intéresse la veine variqueuse d'une manière à peu près exclusive. MM. Bérard et Bonnet ont fait, à eux deux, près de mille cautérisations de veines variqueuses ; le succès a répondu à leur tentative ; un seul cas a été suivi de phlébite mortelle, et encore cela vient de ce que M. Bérard, à qui ce cas malheureux s'est offert, laisse marcher ses opérés, et ne fait qu'une seule application de caustique.

Cependant la cautérisation, pour la cure des varices, est généralement abandonnée. D'où vient cela ? C'est, je crois, parce que ce moyen paraît irrationnel à la plupart des praticiens, lesquels, dès-lors, condamnent, sans examen, une méthode qui semble la plus cruelle de toutes, la plus compromettante, et qui, néanmoins, compte le plus de succès.

L'expérience doit toujours l'emporter sur des idées préconçues.

La méthode de cautérisation des varices est très-ancienne. Celse a dit : « *Igitur vena omnis quæ noxia est, aut adusta tabescit, aut manu eximitur.... Ratio adurendi hæc est : cutis superinciditur cùm, patefactâ venâ, tenui et retuso ferramento candente modicè premitur*, etc. (Lib. VII, cap. xxx).

On voit clairement que Celse détruisait la veine malade à l'aide de la cautérisation et de l'opération manuelle, et que la méthode de cautérisation qu'il proposait consiste à inciser superficiellement la peau de manière à mettre la veine à découvert, pour y promener, légèrement, un fer mousse incandescent, et de forme déliée. La répugnance qu'inspire aux malades le fer rouge a dû être le plus grand obstacle qu'ait eu à vaincre la méthode de cautérisation des veines variqueuses ; aussi lorsque M. Bonnet, encouragé par M. Gensoul, l'a remise en honneur, elle était tout-à-fait oubliée.

Les modernes donnent la préférence au cautère potentiel, qui effraie moins les malades, est plus sûr dans ses effets, qui agit plus profondément, et qui modifie les tissus qu'il touche d'une manière toute spéciale.

Trois agens chimiques ont été vantés, savoir : la potasse caustique, la poudre de Vienne et la pâte au chlorure de zinc.

M. Bérard a adopté la poudre de Vienne, réduite en pâte ; il place une couche assez épaisse de ce caustique sur la veine variqueuse et l'y laisse assez long-temps pour atteindre du premier coup les parois de la veine. L'expérience m'a prouvé que la poudre de Vienne est un mauvais caustique : l'application en est des plus douloureuses ; il se fait immédiatement, sur le lieu où elle est posée, une transsudation de sang noir, assez abondante pour affaiblir ou neutraliser l'effet du caustique; l'hémorrhagie peut même avoir lieu. La potasse vaut mieux que la poudre de Vienne ; mais elle a le grand inconvénient de fuser, de couler bien au-delà du lieu où elle a été placée.

La pâte au chlorure de zinc est le meilleur de tous les caustiques : la douleur qu'elle occasionne est supportable ; elle ne provoque jamais d'hémorrhagie, agit aussi profondément qu'on le désire ; les parties qu'elle a touchées sont saponifiées, ne se putréfient pas ; elles sont momifiées et se détachent nettement au bout de sept à huit jours. M. Bonnet dit que le fer rouge détermine toujours une escarre très-superficielle ; la douleur qui suit son application est vive, mais passagère; la réaction inflammatoire dans les parties qui avoisinent celle qui a été brûlée est généralement peu intense. Le caustique de Vienne fait sentir son action à une plus grande profondeur que le fer rouge; elle est aussi vive, mais de courte durée, etc. Le chlorure de zinc détruit les tissus à une bien plus grande profondeur que le fer rouge, le caustique de Vienne et la potasse caustique.

M. Auguste Bérard fait sur la veine variqueuse, avec la pâte de Vienne, des incisions longues et étroites. M. Bonnet produit une escarre arrondie avec cette même pâte ou la potasse, et place, dans le centre de l'escarre, un peu de pâte de chlorure de zinc, afin de hâter la séparation des parties mortifiées. Il agit ainsi en deux fois, tandis que M. Bérard ne fait qu'une seule cautérisation. M. Bonnet a eu des succès et aucun revers.

Une seule application de caustique sur une veine variqueuse ne suffit pas. Par la seconde cautérisation, avec la pâte de Can-

6

quoin, M. Bonnet obtient non seulement des guérisons durables, mais il prévient le danger qui peut résulter de l'ouverture étroite d'une varice, lorsqu'on n'a fait qu'une seule cautérisation. Comme il faut détruire une portion de la veine variqueuse dans tout son calibre, pour que la circulation y soit entièrement interrompue, il est évident que le *modus faciendi* de M. Bonnet doit l'emporter sur celui de M. Bérard.

M. Bonnet a tenté aussi la cautérisation avec plus de succès dans les varices hémorrhoïdales. L'absence constante d'inflammation, de suppuration des veines des membres inférieurs, le conduisit à appliquer cette méthode à toutes les veines du corps desquelles la destruction est rendue nécessaire ; d'après ces inductions pratiques, il transporta la cautérisation au traitement du varicocèle ; mais, pour empêcher le caustique d'atteindre le conduit déférent, il fit construire un petit instrument à l'aide duquel ce canal est porté en arrière, tandis que les veines sont maintenues saillantes en avant. M. Bonnet cite trois observations y relatives ; il n'y a pas eu le moindre accident par suite de la cautérisation, mais on ne peut affirmer que les varicocèles aient été radicalement guéries, puisque les malades, une fois opérés, s'en sont retournés chez eux, et qu'on n'en a plus eu de nouvelles.

M. Lisfranc, dans la *Gazette des Hôpitaux* du 28 mars 1843, a fait insérer un article qui a pour titre : *Quelques considérations sur les hémorrhoïdes et sur leur traitement.* Il rejette les bains de siége comme irrationnels, parce qu'on les prend toujours un peu trop chauds, et qu'ils produisent, comme les pédiluves, les manuluves, un appel local de sang, une congestion des veines du bassin. Il répudie aussi l'application des sangsues comme ayant le même inconvénient ; il s'en tient à la saignée du bras pour désemplir le système veineux général, et préconise ensuite le nitrate d'argent avec lequel on cautérise les parties variqueuses. Il dit, à ce propos, comme je l'ai déjà rapporté : « Si la chirurgie est brillante quand elle opère, elle l'est bien davantage, lorsque, sans mutiler les malades, sans les exposer à perdre la vie, elle obtient la guérison de ces mêmes malades. »

On se rappelle que M. Roux vint de Paris dans notre ville, opérer, par l'instrument tranchant, un monsieur, porteur d'une tumeur au rectum. Ce malade succomba très-promptement aux accidens de la phlébite.

Voici le procédé de cautérisation qu'emploie M. Bonnet dans les hémorrhoïdes. Il renferme la pâte de caustique de Vienne dans un sachet de toile fine, ayant une surface égale à celle des tumeurs hémorrhoïdales qui doivent être cautérisées ; il maintient sur ces tumeurs la substance caustique jusqu'à ce qu'elle produise une escarre superficielle ; au bout de deux ou trois minutes un écoulement de sang veineux oblige de la retirer. Il prend alors un morceau de pâte de chlorure de zinc épais de trois à quatre millimètres, partie égale de chlorure et de farine ; il en couvre toute la surface qu'il se propose de cautériser ; il maintient le tout ensemble avec du coton et à l'aide d'un bandage en T, pendant quelques heures. Il a laissé cette pâte une fois trois heures, et l'autre fois douze heures.

Le chlorure de zinc n'agissant que très-difficilement sur les parties pourvues d'épiderme ou d'épithelium, M. Bonnet a cru devoir faire précéder l'application de cet agent de celle de la pâte de Vienne, et, en la mettant dans un sachet, il évite la cautérisation des parties qu'il a intérêt à ménager ; l'expérience lui a appris que, employée de la sorte, la pâte de Vienne agit tout aussi promptement que si elle était mise à nu.

Quand il y a prolapsus du rectum et tumeurs hémorrhoïdales, M. Bonnet agit de la même manière : après l'application du caustique sur les tumeurs hémorrhoïdales, lesquelles mettent souvent un obstacle insurmontable à la réduction de l'intestin, ce chirurgien replace le rectum dans le lieu normal. Cette réduction est très-douloureuse ; mais si cet intestin ressort obstinément, on peut le laisser au dehors, et, après la chute des escarres, la réduction se fait sous l'influence de la cicatrice.

Petit et Dupuytren excisaient d'abord les tumeurs hémorrhoïdales par l'instrument tranchant, et se servaient du fer rouge pour arrêter ou prévenir l'hémorrhagie. M. Bonnet n'approuve pas le procédé mixte de ces praticiens distingués ; il cite trois observations bien curieuses de chutes du rectum avec tumeurs hémorrhoïdales, dans lesquelles il s'est servi avec plein succès, sans le moindre accident, du procédé de cautérisation que j'ai signalé tout-à-l'heure.

Avant de soumettre le malade atteint de varices à l'action du caustique, M. Bérard le tient pendant quelques jours à l'usage des boissons rafraîchissantes ; il lui fait prendre un ou deux bains, le soumet au repos, et, la veille de la cautérisation, lui administre quelques verres d'eau de Sedlitz. Quel que soit le nombre, quelle que soit l'étendue des varices, il commence par une seule application de caustique à chaque jambe, car il n'y a pas d'inconvénient à cautériser les deux jambes dans la même séance. « On n'aurait, ajoute-t-il, nul accident inflammatoire à redouter, en plaçant la pâte de Vienne à la fois sur plusieurs points des veines d'un même membre ; mais il est bon de ne pas le faire, de peur de cautériser sans nécessité. »

C'est presque toujours au dessous du genou, et sur le trajet de la veine saphène interne que M. Bérard pratique la cautérisation, à peu près dans le lieu qu'on choisit pour l'établissement d'un fonticule entretenu par des pois d'iris. M. Bérard préfère même cette place, alors même que les varices remontent sur le genou, vers la cuisse, jusqu'à l'union de la saphène avec la crurale ; car il a reconnu, dans beaucoup de cas, qu'il suffisait d'obtenir l'oblitération de la veine dans le point désigné plus haut, pour amener la guérison des varices placées au dessus. L'effet curatif ne s'étend pas seulement du point attaqué vers les radicules veineuses ; il se continue encore du même point vers les troncs principaux. Lorsque cette guérison n'a pas lieu, la portion de veine qui reste dilatée au dessus du genou n'occasionne aucune gêne, aucun inconvénient auxquels les malades étaient sujets lorsque les varices existaient dans toute la longueur du membre ; enfin, que si l'usage des caustiques peut quelquefois être suivi d'accidens, ils seront beaucoup moins à redouter lorsqu'on cautérise à la jambe et non à la cuisse. Ce *modus faciendi* amène tout au plus, comme nous venons de le dire, la persistance de la dilatation variqueuse des veines de la cuisse et du genou. « C'est un inconvénient trop léger, dit M. Bérard, pour s'exposer, par une pratique contraire, aux dangers d'une cautérisation faite sur la cuisse. »

Comme les varices s'affaissent et disparaissent ensuite, lorsqu'on est couché, M. Bérard a soin, la veille du jour fixé pour l'opération, de faire tenir le malade debout, et de tracer, soit à l'encre, soit avec le nitrate d'argent, une ligne sur la peau qui répond exactement aux parties sur lesquelles le caustique doit être appliqué ; on rase la peau, et on place le membre malade de telle sorte que la veine variqueuse en soit le point culminant.

M. Bérard se sert de la poudre de Vienne, réduite en pâte molle à l'aide de l'alcool. La longueur de la couche de ce caustique, placé sur la dilatation veineuse, varie de trois à cinq centimètres, la largeur de cinq à dix millimètres ; l'épaisseur sera au moins égale à cette dernière. La durée de l'application de cet agent chimique varie entre un quart d'heure et demi-heure, selon que le vaisseau est recouvert d'une peau plus ou moins fine, ou qu'il est séparé par une couche de tissu adipeux plus ou moins épais. « Il faut, autant que possible, ajoute M. Bérard, contrairement à la pratique de M. Bonnet, que, dans une seule séance, on désorganise tous les tissus jusqu'à la veine inclusivement ; dix-huit à vingt minutes suffisent pour atteindre ce résultat. »

Lorsque la cautérisation est assez profonde pour arriver aux parois du vaisseau, le sang se coagule au niveau de la partie brûlée. Au bout d'un temps fort court, vingt-quatre à trente-six heures, rarement trois à quatre jours après l'application de la pâte de Vienne, on trouve une masse indurée qui dépasse, en haut et en bas, les limites de l'escarre ; cette masse est, en général, d'autant plus volumineuse, que la dilatation de la veine était plus considérable. Bientôt, la coagulation du sang s'étend de proche en proche vers les divisions inférieures de la veine, et la guérison s'opère par un mécanisme commun à toutes les méthodes de traitement. « Il est probable, dit M. Bérard, que l'existence des anastomoses avec les veines profondes du membre peut faire échouer ou retarder la cure des varices ; souvent même l'obstacle est insurmontable à l'oblitération du vaisseau : de là la nécessité d'une réapplication du caustique au dessous du point où l'on suppose qu'existe la communication avec les vaisseaux profonds du membre. On doit attaquer les varices par les caustiques sur plusieurs points, lorsqu'il y a dilatation simultanée de plusieurs veines de la jambe ; quand elles s'anastomosent largement, et qu'elles ne viennent pas aboutir supérieurement à un point commun, il en doit être ainsi encore, et il faut appliquer plusieurs fois le caustique, lorsque des veines sous-cutanées deviennent variqueuses, pendant que celles qui étaient malades s'oblitèrent. » On attend néanmoins quelques semaines pour se décider à ces réapplications de caustique ; car M. Bérard a remarqué que ces vaisseaux, ainsi accidentellement dilatés, reprenaient parfois leur volume normal, chose qu'il attribue à l'établissement d'une circulation plus facile par les veines profondes du membre.

M. Bérard préfère la cautérisation des varices à tout autre méthode de traitement, parce qu'il la regarde comme tellement simple, que, dans la plupart des cas, les malades la subissent sans cesser leurs occupations habituelles, quelque pénibles qu'elles soient et quel que long que soit le traitement ; que, d'un autre côté, le grand nombre des cautérisations n'expose pas à plus de dangers que lorsqu'on n'en pratique qu'une seule, soit qu'on attaque simultanément les veines sur plusieurs points du membre, soit qu'on laisse quelques jours d'intervalle, ou qu'on ne procède à une réapplication du caustique qu'au moment où l'escarre est détachée et la plaie cicatrisée ; dans toutes ces circonstances il y a même innocuité.

Un avantage appréciable, qui résulte de la méthode de cautérisation des varices, consiste dans l'absence des pansemens aussi long-temps que l'escarre reste sèche et qu'elle est adhérente. Quand la partie mortifiée subit le travail d'élimination, tel qu'on l'observe pour les escarres en général, on use des moyens employés, appropriés à ce genre de blessures, et, après la chute de l'escarre, on se comporte comme pour les plaies qui suppurent.

Enfin, par suite de la cautérisation des veines variqueuses, dans une longueur suffisante de trois à cinq centimètres, on les oblitère d'une manière solide et durable.

Quant aux accidens, ils sont fort peu nombreux. Sur cinq cents cautérisations, M. Bérard n'a vu qu'une fois survenir la phlébite purulente et mortelle, et encore, depuis qu'il a renoncé à mettre le caustique à la cuisse et qu'il fait garder un repos convenable au malade, il n'a plus vu se développer d'accidens inflammatoires. Au nombre des accidens qu'occasionne le caustique de Vienne sur les varices, on doit compter la formation de plaies après la chute de l'escarre, à la cicatrisation desquelles il faut un temps quelquefois assez long ; la suppuration est aussi abondante que dans les fonticules que l'on place au bras et à la jambe, sous le nom de *cautères*.

La méthode de cautérisation des varices n'est pourtant pas infaillible : il y a quelques récidives ; mais, chez le plus grand nombre, la cure définitive a lieu.

Nous pourrions, avec M. Bérard, citer un grand nombre de

guérisons obtenues par ce moyen, lesquelles ne se sont jamais démenties : « Les faits que j'ai observés, ajoute M. Bérard, confirment donc l'excellence de la méthode que M. Bonnet a remise en honneur. A cet habile chirurgien appartient le mérite d'avoir démontré, par l'expérience et le raisonnement, l'innocuité et l'efficacité de la cautérisation des veines variqueuses. »

Les individus porteurs de varices multipliées aux membres inférieurs, sont sujets à des ulcères de mauvaise nature, qui corrodent, qui rongent la peau, le tissu cellulaire, les muscles mêmes ; ulcères que l'on a comparés à des loups dévorans, et auxquels on a donné par cette raison le nom de *loups*. L'amputation est presque toujours le désespérant et dégradant remède qu'on leur oppose. Eh bien ! les caustiques, maniés avec hardiesse et prudence en même temps, peuvent empêcher ces mutilations mortifères. Entre plusieurs, je vais citer un cas qui me paraît digne d'être publié :

Le nommé Giraud, vigneron, âgé de soixante ans, demeurant à Cenon-Labastide, sur la propriété de M. Faure, est porteur de varices énormes aux deux jambes, mais principalement à la droite, à laquelle depuis vingt ans environ s'est montré un ulcère, dû à la stase du sang veineux. Il y a à peu près un an que je lui donne des soins. Quand je le vis pour la première fois, je fus épouvanté du ravage qu'avait fait le *loup dévorant*, je veux dire l'ulcère. Le malade ne peut plus bouger du lit depuis plusieurs mois ; toute la peau de la jambe, dans sa circonférence entière, à partir de quatre doigts au dessous du genou jusqu'aux malléoles, a été rongée en totalité ; les muscles eux-mêmes sont entamés. Il y a des anfractuosités énormes et des bosselures multiples sur toute la surface de l'artère ; mais, ce qui est plus digne d'attention, il existe une tumeur de nature fibreuse, qui occupe la partie interne de la jambe, sur toute la longueur du mollet ; ce corps anormal a une épaisseur de sept à huit centimètres dans son milieu, large, dans cette même partie, de neuf centimètres au moins. Les fibres qui composent cette tumeur sont longitudinales, parallèles entre elles et à l'axe du corps, se superposent par couches, sont d'une couleur nacrée, et d'une dureté considérable. Dans ces circonstances le fer rouge a été souvent appliqué avec quelque succès ; mais, il faut le dire, le cautère actuel, tout cruel, tout énergique qu'il paraisse, n'agit pas profondément. Comme modificateur de la vitalité de la partie sur laquelle il est appliqué, c'est un excellent agent; mais quand il faut remplacer l'instrument tranchant, enlever par le caustique une couche de plusieurs centimètres d'épaisseur et de largeur, oh! alors, le cautère potentiel l'emportera de beaucoup sur le fer rouge. Il y a pourtant un choix à faire parmi les caustiques chimiques; car j'usais, d'abord, d'acide sulfurique, dont je badigeonnais l'ulcère et la tumeur à l'aide d'un pinceau d'amiante; mais je n'obtenais que des escarres très-minces : aussi je recourus à la pâte de chlorure de zinc dans la proportion de trois parties de farine sur une de muriate; j'en fis de larges plaques de deux centimètres d'épaisseur, et j'en recouvris le corps fibreux qui faisait une saillie si considérable. Au bout de douze jours, une portion mortifiée, de toute la largeur de la pâte et de plus d'un centimètre d'épaisseur, se détacha; j'amincis, de nouveau, cette masse fibreuse, au moyen de la pâte Canquoin; à la quatrième application, la tumeur était entièrement rasée. Je dois dire que le malade, d'ailleurs peu impressionable, n'a jamais accusé la moindre douleur, tout le temps qu'a agi le chlorure de zinc.

J'ai touché les bosselures de l'ulcère avec l'acide sulfurique, je les ai aplanies, et j'ai pansé l'ulcère ainsi réduit avec du coton cardé et de la pommade au goudron. Aujourd'hui cette solution de continuité n'est pas plus large que le creux de la main; elle est superficielle, égale, et, s'il n'était pas dangereux de la guérir en entier, il me serait facile d'en venir à bout. Les varices situées au dessus du genou ont été formellement modifiées par les cautérisations des rameaux inférieurs veineux, qui leur ont donné naissance. Aussi cet homme, qui ne dormait ni jour ni nuit, tant ses douleurs étaient atroces et continues, lui qui ne pouvait faire un pas, se promène, travaille et ne souffre plus.

## DES CAUSTIQUES DANS LES LÉSIONS ET AFFECTIONS DES ARTÈRES.

### I.

*Artérite.* — En première ligne des lésions d'artères devait se trouver l'*artérite*, phlogose qui est ordinairement bornée à la membrane interne de ces vaisseaux; elle dépend, soit d'une lésion directe de l'artère, soit de la transmission de l'inflammation à ce vaisseau sanguin par le tissu ambiant, enflammé lui-même.

L'artérite est fort peu connue, quoique probablement elle doit se montrer assez fréquemment ; les auteurs croient qu'elle s'annonce par les symptômes d'une fièvre agioténique. Plus tard, cette affection peut amener l'obstruction complète du calibre de l'artère, et si ce vaisseau est considérable, et qu'il occupe un membre, la gangrène *spontanée, sèche,* nommée si improprement *sénile,* s'y développe et gagne de proche en proche, en longueur et en profondeur. L'artérite au premier degré, si tant est qu'on puisse la reconnaître, ne réclamerait que les anti-phlogistiques ; mais au degré extrême de *gangrène spontanée,* elle relève des anti-septiques et des caustiques. La nature semble nous indiquer ce qu'il faut faire dans ce cas. En effet, qu'est-ce qui se passe dans la gangrène attribuée à l'inflammation, et par suite à l'obstruction des artères ? Le membre qui en est frappé se dessèche, se momifie, et, lorsque la gangrène est bornée, on sépare le mort du vif à la ligne de démarcation ; on scie les os, et l'amputation se trouve faite sans hémorrhagie, sans ligature d'artères. Eh bien ! lorsque le praticien est très-certain, par les symptômes physiques et pathognomoniques, qu'il a affaire à une gangrène, suite d'artérite, ne pourrait-il pas, ne doit-il pas, dis-je, s'étudier à arrêter, à modifier le mal terrible qu'il a à combattre ? Qui nous a dit que la gangrène ne gagnera pas de proche en proche tout un membre, car ce n'est que dans des cas exceptionnels que, de guerre lasse, elle s'arrête, elle se borne de son propre mouvement ? Je m'explique : j'ai parlé de *modifier* et d'*arrêter* la gangrène qu'a provoquée l'artérite, et pour cela je recourrai à un agent caustique, modificateur des parties sur lesquelles on l'applique ; je veux parler de la pâte au chlorure de zinc. Si l'artérite, si l'obstruction du vaisseau ne s'étend pas au delà des limites de l'escarre sèche, profonde, taillée à pic, qu'aura produite l'agent caustique en question, j'ose croire qu'il modifiera les parties immédiatement supérieures et sous-jacentes à la *brûlure ;* qu'ainsi modifiées, elles pourront revenir à l'état normal, et que, par conséquent, le mal se bornera forcément, et avant qu'on attende le caprice de la nature, lequel n'a lieu que quelquefois, et comme pour nous enseigner ce que nous devrions toujours faire. En tout, il faut aider la nature, lorsqu'elle ne peut se suffire à elle-même. La pâte au chlorure de zinc, appliquée en couche assez épaisse pour atteindre toutes les parties molles du membre, les *momifiera* dans le lieu où elle sera en contact avec elles ; et comme il faut bien trois semaines au plus avant que l'escarre se détache, dans ce laps de temps, si la gangrène n'a pas gagné plus avant, si elle reste bornée aux limites qu'a tracées le caustique, nul doute que la modification qu'il aura apportée à l'affection gangréneuse sera curative, et il ne reste plus, comme dans les cas rares où la nature trace elle-même la limite entre le mort et le vif, qu'à scier l'os ou les os pour achever l'amputation.

## II.

*Anévrismes.* — On désigne sous le nom d'anévrisme (du verbe grec *anevrynein*, dilater), une tumeur produite dans l'intérieur d'une artère par la dilatation des membranes qui constituent ses parois. Ce genre d'anévrisme est appelé *vrai ;* car si le sang s'épanche en dehors et autour d'une artère, par suite de solution de continuité de ce vaisseau, ce sera l'anévrisme *faux*. Les anévrismes peuvent être *traumatiques* ou *spontanés,* selon qu'ils sont ou non la suite d'une blessure ; s'il y a dilatation d'une ou de deux de ces tuniques, avec division ou rupture des deux autres, l'anévrisme sera dit *mixte*. Ce n'est point ici le lieu de parler des anévrismes traumatiques, *faux primitifs*, *faux consécutifs,* des *varices anévrismales* et des *anévrismes variqueux*. Mon but est d'appeler l'attention des praticiens sur l'emploi du caustique dans les varices, comme on l'a fait dans les anévrismes. A MM. Bonnet et Bérard appartiendrait de traiter ce sujet ardu, eux qui ont rendu à honneur la cautérisation des veines variqueuses, et qui en ont eu de brillans succès.

Armé du flambeau de l'induction thérapeutique, j'entrerai dans le champ des hypothèses, des utopies peut-être; mais si un chirurgien, placé à la tête d'un vaste hôpital, veut expérimenter sur ce qui n'est encore pour moi qu'une théorie, j'ose espérer qu'il rendra un éminent service à la chirurgie et aux malades porteurs d'anévrisme. Alors je n'aurai pas perdu mon temps.

Pour la cure des varices comme pour celle des anévrismes, tous les efforts des praticiens tendent vers un seul but : l'oblitération du calibre du vaisseau sanguin. Ce n'est que la nature diverse des veines et des artères qui a fait qu'on a osé tenter la cautérisation sur celles-ci et qu'on n'y a pas même songé sur celles-là, tant la peur de l'hémorrhagie a retenu les praticiens ! Tout gît dans le choix du caustique : trouvez un agent chimique qui *momifie* parfaitement les parties vivantes sur lesquelles on l'applique, et le problème sera résolu ; et il l'est pour moi, parce que la pâte au chlorure de zinc remplit toutes les conditions exigées.

« On connaît tous les avantages remarquables qu'a ce caustique, non seulement sur les agens de même nature, mais aussi » *sur l'instrument tranchant*, auquel il ne cède qu'en rapidité » d'exécution. Depuis que l'inventeur de ce caustique, M. Canquoin, a doté la thérapeutique de cet agent précieux, on l'a » expérimenté avec bonheur un grand nombre de fois, et l'on » s'est convaincu qu'il a une énergie supérieure, plus rapide, » mieux limitée que les préparations arsénicales et antimoniales, » et que son application est moins douloureuse. L'arsenic est » d'un très-dangereux emploi ; le chlorure d'antimoine, dont » l'action est très-énergique, est si diffusible, et se décompose si » facilement, par les fluides des tissus organiques, qu'il oblige » le praticien à des réapplications fréquentes et toujours pénibles pour le malade. Mais c'est surtout par la *précision* que le » chlorure de zinc est préférable aux autres caustiques ; ses » escarres semblent faites par un emporte-pièce dans le lieu de » son application. Enfin il se conserve parfaitement. Quant à sa » préférence sur l'instrument tranchant, elle est due à ce qu'il » détruit les tissus malades et modifie les tissus sous-jacens, de » manière à prévenir les récidives et à obtenir une prompte cicatrisation. » (Garin, D.-M.-P. — *Bulletin de Thérapeutique*, août 1845.)

Quand on ajoutera ce que M. Bonnet a prouvé, à savoir : que la cautérisation n'expose ni aux érysipèles ambulans, ni aux phlébites qui se propagent au tronc, ni à la résorption putride ou purulente, on sera enhardi certainement à l'essayer dans les anévrismes, comme on l'a fait dans les varices.

Voyons d'abord ce qui arrive lorsqu'un anévrisme guérit spontanément. Les dissections faites plus ou moins long-temps après la guérison prouvent qu'elle peut s'opérer de diverses manières. Quelquefois on trouve la poche anévrismale remplie de caillots solides, qui s'étendent jusque dans l'intérieur de l'artère, et en déterminent l'oblitération depuis le lieu de la déchirure jusqu'au niveau de l'artère collatérale la plus voisine, en remontant du côté du cœur ; selon l'époque où l'on examine le caillot qui en remplit le cylindre artériel, on le trouve rouge, mou et libre, ou bien blanchâtre et adhérent aux parois du vaisseau ; ou bien enfin on trouve ce vaisseau tout-à-fait réduit en un cordon ligamenteux dans toute l'étendue indiquée. Quand la tumeur anévrismale s'est guérie *à la faveur d'un abcès*, on trouve que l'inflammation s'est propagée jusque dans le calibre du vaisseau, dont elle a épaissi les parois, et au centre duquel s'est formé un caillot qui l'oblitère dans toute l'étendue comprise entre la tumeur et la naissance de la première collatérale supérieure.

Suivant M. Hodgson, *la même chose a lieu pour le vaisseau artériel, quand c'est une gangrène qui a amené la guérison.* Dans tous les cas, la guérison s'est opérée par l'oblitération de l'artère anévrismatique ; on reconnait que la circulation s'est continuée dans la partie, au moyen des autres vaisseaux qui s'y trouvent.

Donc, d'après ce que je viens de rapporter, on a vu des anévrismes guérir à la faveur des abcès, et la gangrène a eu aussi cet heureux résultat ; si j'ajoute que des tumeurs érectiles ou anévrismes par anastomoses, que des fongus hématodes, ont pu être enlevées à l'aide de caustiques sans hémorrhagie, sans inflammation subséquente, et que la guérison parfaite s'en est suivie ; si l'on se rappelle que les tumeurs érectiles sont de véritables anévrismes agglomérés, la proposition de l'emploi d'un caustique chimique dans les anévrismes en général ne paraîtra pas aussi téméraire, aussi irrationnelle, et l'induction thérapeutique nous y conduira sans effort et tout naturellement. En effet, si un simple abcès, si la gangrène du sac anévrismal ont pu amener la guérison, la pâte de Canquoin, dont l'emploi n'est jamais suivi d'hémorrhagies, ni d'inflammation érysipélateuse, ni d'infection purulente, elle qui provoque la gangrène sèche à telle profondeur qu'on le veut, devra, indubitablement, remplir toutes les indications que requièrent les tumeurs artérielles, c'est-à-dire l'enlèvement du sac et l'oblitération hermétique des bouts supérieur et inférieur du vaisseau, auquel on enlève quelques centimètres de son calibre, et même, s'il n'est pas nécessaire, on peut laisser le vaisseau dans son intégrité, et quelque gros qu'il soit, si on a soin, à l'aide de la compression manuelle continue, ou au moyen du tourniquet, de suspendre la circulation au dessus de l'artère malade, la pâte de zinc y étant appliquée, provoquera la mortification des parties ambiantes, des parois du vaisseau, ou tout au moins des deux plus extérieures. Le sang se coagulera, se cuira (qu'on me pardonne cette comparaison triviale) comme du boudin sur le gril; il formera bouchon dans le calibre de l'artère ; l'inflammation de la membrane interne provoquera des adhérences avec le caillot, la circulation restera tout-à-fait suspendue, et le problème sera résolu. Que cherche-t-on, en effet, dans toutes les méthodes tentées pour la cure des anévrismes, si ce n'est l'oblitération complète du vaisseau, oblitération qu'on obtient, je l'accorde, au moyen de la ligature ; mais la ligature est-elle toujours d'une facile application ? Les vaisseaux sont quelquefois très-friables, il faut labourer un membre quelquefois avant de réussir, et si la section des parois du vaisseau se fait avant le temps nécessaire à l'oblitération complète du vaisseau, avant la formation du bouchon résultant de la concrétion du sang dans le cul-de-sac qu'a limité la ligature, une hémorrhagie mortelle a lieu. Ce n'est pas le seul danger : l'artérite suivie de résorption purulente peut avoir lieu, accident qui n'arrivera pas avec le caustique. Les parties touchées par l'agent chimique sont saponifiées, elles n'ont aucune odeur, elles sont incorruptibles, elles se dessèchent comme le parchemin, comme le cuir tanné ; mais ne se pourrissent pas. J'ai chez moi des tumeurs enlevées au moyen du caustique Canquoin ; elles se sont raccornies, et présentent toutes les qualités que je viens de signaler.

J'avoue que je devrais, par des expériences, appuyer la médication caustique que je propose pour la cure des anévrismes, et que, praticien d'une petite localité, je ne puis qu'invoquer la raison, l'induction et la similitude ; mais néanmoins dans une circonstance j'ai appliqué sur une grosse artère de mouton la pâte caustique de zinc, et j'ai obtenu la concrétion parfaite du sang dans toute la hauteur qu'atteignait l'agent chimique, ainsi que l'adhérence de ce bouchon cruorique aux parois du vaisseau. Je termine ce paragraphe en faisant des vœux pour qu'un chirurgien haut placé s'empare de mes idées, les féconde, les utilise, pour le plus grand bien de la science et de l'humanité.

## III.

*Hémorrhagies.* — L'effusion d'une quantité notable de sang, soit par la rupture de quelques vaisseaux sanguins, soit par voie d'exhalation, a reçu le nom d'*hémorrhagie*. La première est du domaine de la chirurgie, la seconde appartient à la médecine proprement dite. L'hémorrhagie par exhalation peut se montrer sur les membranes muqueuses dans les tissus cutané, séreux, cellulaire, synovial. On les dit *actives* ou *passives*, c'est-à-dire avec ou sans faiblesse.

L'hémorrhagie par rupture des vaisseaux est *spontanée* ou *traumatique*.

Les transsudations ou exhalations sanguines du système muqueux sont les plus fréquentes et les plus nombreuses ; l'épistaxis, l'hématurie, la métrorrhagie, l'hémoptysie, l'hématémèse, le flux hémorroïdal sont l'objet réitéré de la sollicitude du médecin.

Les caustiques ont à peine été tentés dans l'hémorrhagie par transsudation. M. Lisfranc conseille les cautérisations avec le nitrate d'argent dans la proctorrhagie, c'est-à-dire dans le flux hémorrhoïdal considérable. (*Gazette des Hôpitaux*, 28 mars 1843.)

Je ne sais si la solution au nitrate d'argent a jamais été conseillée dans l'épistaxis. Ce genre de cautérisation me paraîtrait très-rationnel, car M. Taissier (*Bulletin de Thérapeutique*, août 1845, page 401) donne un excellent article sur le traitement abortif du coriza aigu par l'emploi de la solution de nitrate d'argent. Ces inflammations de la pituitaire ont été arrêtées, à leur début, par la méthode substitutive, méthode qui tend, de plus en plus, à occuper une large place dans le domaine de la thérapeutique. Si donc M. Teissier a pu, sans inconvénient, sans danger, se servir de la solution d'azotate d'argent dans une affection de peu d'importance, je pense que, dans les épistaxis inquiétantes par leur abondance, on pourrait, on devrait, dis-je, le tenter avec une grande chance de succès.

Je considère comme un cas d'hémorrhagie par exhalation celui rapporté au *Bulletin général de Thérapeutique* du mois de juillet dernier. Il s'agit d'un polype intra-utérin, chez une femme épuisée par des hémorrhagies. M. Lefranc, convaincu, par des faits anatomiques, que le sang provient de la membrane extérieure ou d'enveloppe de ce corps anormal, porta sur toute la portion du polype, correspondant à l'orifice du col utérin, qui était dilaté, un pinceau trempé dans le protonitrate, acide liquide de mercure. La dilatation du col, qui avait la largeur d'une pièce de deux francs, permit aisément de renouveler plusieurs fois cette cautérisation. La cessation de l'hémorrhagie eut lieu immédiatement. Six semaines après, l'hémorrhagie reparut : le même moyen triompha.

Je pense que, dans les hémorrhagies gengivales scorbutiques, les caustiques sont encore les seuls agens qu'on peut essayer avec quelques chances de succès ; il en serait encore ainsi, si, dans le même état de cachexie, l'hémorrhagie se montrait ailleurs (1).

Que l'hémorrhagie par rupture de vaisseau soit traumatique ou spontanée, la cautérisation sera précieuse pour en arrêter le cours.

Les hémorrhagies qui ont lieu par suite des plaies d'artère ont reçu les noms impropres d'*anévrisme faux*, *primitif* ou *consécutif*, quand l'épanchement a lieu en dehors du vaisseau.

Ambroise Paré a fait triompher la ligature des artères dans les plaies de ces sortes de vaisseaux dont le calibre est assez considérable. Avant lui, les chirurgiens du moyen-âge ne connaissaient que la poix bouillante ; et ce procédé, aussi cruel, aussi défectueux qu'on le suppose, avait été pratiqué pendant des siècles. Il faut cependant que ce *modus faciendi* ait pu, à peu près, remplir le but qu'on se proposait, pour qu'on l'ait préféré alors à la ligature, qui était connue de temps immémorial. Nous sommes dans un siècle où on a tant parlé de progrès, où l'on rencontre tant de déceptions en tout genre, que des hommes désabusés en sont venus au point *d'adorer ce qu'ils avaient brûlé*, et *de brûler ce qu'ils avaient adoré*, et ont dit : *Le progrès, c'est le retour*. En morale, en politique, il est facile de se convaincre de la vérité de cette opinion; n'en est-il pas de même en médecine, en chirurgie ? Pour ma part, j'en suis arrivé là pour la plupart des prétendues découvertes dont on fait tant de bruit ; et, dût-

(1) Les épanchemens sanguins dans les bourses séreuses anté-rotuliennes sont traitées et guéris par M. Velpeau, au moyen de ponction, puis d'injections caustiques iodées ; il en est de même de l'hématocèle.

on crier au blasphème chirurgical, j'examinerai, en deux mots, si l'on doit adopter, sans examen, à tout jamais, la ligature des artères pour suspendre l'hémorrhagie traumatique. Et d'abord, je poserai cette question : Combien d'amputés, habilement opérés, dont les artères ont été liées, sortent guéris de nos hôpitaux ? Un sur dix ou douze, tout au plus. Je ne sais vraiment si les chirurgiens du moyen-âge, les éternels chauffeurs, comme on les a appelés, avaient plus d'insuccès que nous ? Pourquoi Ambroise Paré n'a-t-il pas donné la statistique des amputés dont on suspendait l'hémorrhagie au moyen de la poix bouillante ? Déjà M. Amussat a essayé de se passer de la ligature, et l'a remplacée par la torsion des artères ; c'est un pas, et il n'a pas imité les scholastiques, qui, dans leur respect pour Aristote, s'en rapportant à ce qu'avait écrit le précepteur d'Alexandre, répétaient : *Magister dixit.* « Rien de plus brillant, » dit M. Vidal de Cassis, que d'enlever, en quelques secondes, » une maladie qui existe depuis nombre d'années. Le bistouri et » le couteau ont en cela un avantage sur les autres moyens ; mais » qui sait si des compressions bien combinées, si l'action des » caustiques bien dirigée, et lentement progressive, ne pour» raient amener *des résultats plus satisfaisans*, quoique moins » prompts ? La nature, avant de diviser les tissus, opère des » réunions ; elle se livre, au préalable, à un travail d'organisa» tion. Ainsi, autour des solutions de continuité qu'elle va opé» rer, naissent des adhérences, ou bien les tissus s'épaississent. » C'est la synthèse qui précède la diérèse. Dans nos opérations » ordinaires, on ne trouve rien qui ressemble à cela, et cepen» dant nos procédés, pour être efficaces, pour réussir, devraient » se rapprocher le plus de la nature. Il y a là de quoi réfléchir, » *il y a tout un avenir pour la chirurgie ;* mais il faudrait le com» prendre, il faudrait une époque un peu plus dégagée *de cet* » *esprit d'amphithéâtre* qui règne trop exclusivement aujour» d'hui. « (*Pathologie externe et médicale*, t. Ier.)

L'avenir qu'annonce M. Vidal de Cassis à la chirurgie, lui qui a osé tenter *la taille sus-pubienne* (qu'on me passe l'expression) au moyen du caustique seul, m'enhardit à pousser plus loin l'induction thérapeutique que je n'eusse osé le faire, si je n'étais ainsi appuyé, et je ne craindrai pas de proposer, dans quelques circonstances qui auraient de l'analogie avec ce que j'ai déjà dit dans le cas de gangrène sénile, d'appliquer le caustique chimique seul pour faire les grandes amputations, sauf à recourir à la scie pour diviser les os, lorsque toutes les parties molles auraient été atteintes par l'agent mortificateur, appliqué en couche assez épaisse, afin d'arriver jusqu'au périoste. Par là, on obtiendrait ces réunions, ce travail d'organisation préalable, cette modification des parties que le fer tranchant n'obtiendra jamais ; par là, on éviterait les phlébites, les érysipèles phlegmoneux et les résorptions purulentes, accidens qu'on ne voit jamais arriver après l'application des caustiques, quelque larges que soient les surfaces sur lesquelles on l'applique.

M. Bonnet, de Lyon, qui n'a pas craint de se servir des caustiques dans de grands et vastes abcès froids, dit : « Je n'hésiterai » pas à répondre affirmativement que, malgré que l'ouverture » artificielle des grands abcès froids puisse être suivie d'acci- » dens très-graves, qui se terminent quelquefois par la mort, » la cautérisation peut prévenir ces accidens, et, dans le cas où » ceux-ci se sont manifestés, elle peut également en arrêter le » cours, et *fixer le mal dans son point de départ*, pourvu que » ces abcès ne soient pas tellement profonds, tellement étendus, » qu'ils échappent, en partie, à l'action du fer rouge ou des » caustiques. » (*Gazette Médicale de Paris*, 1843.) Or, je le demande, y aurait-il plus de risques à cautériser dans le sens de la profondeur que dans celui de la surface ? Je ne le crois pas. Et si M. Bonnet n'a pas craint d'user du caustique dans de vastes plaies, on pourrait, sans extravagance, sans excentricité, l'essayer, pour suppléer le couteau des amputations.

Les chirurgiens du moyen-âge ne se servaient pas de la ligature des artères dans les amputations : si, au lieu de poix bouillante, ils eussent mis en usage la pâte au chlorure de zinc (en supposant ce moyen connu d'eux), ils n'auraient peut-être pas abandonné ce genre d'hémostatique chimique pour la ligature.

Par la cautérisation à l'aide de la pâte de Canquoin, on établit deux obstacles au cours du sang, l'un médiat, l'autre immédiat. Le premier est dû aux parties qui environnent l'artère, qui sont indurées, saponifiées et imperméables ; le second se fait par la coction, la coagulation et l'adhérence du caillot sanguin, qui se trouve à l'embouchure du vaisseau à sang rouge.

Autrefois (comme de nos jours) le fer rouge était le moyen

par excellence pour arrêter les hémorrhagies traumatiques des petites artères : à la langue, aux alvéoles, par suite de l'avulsion d'une dent ; à la peau, lors de l'application des sangsues, etc.

J'ai vu une hémorrhagie hyrudinale occasionner la mort chez un homme de cinquante ans, atteint de fièvre typhoïde. J'avais cautérisé les piqûres de sangsues avec le nitrate d'argent ; je m'étais rendu maître du sang à l'extérieur ; mais il continua de couler sous le tégument, et la mort en fut le résultat. Si, au lieu de me servir d'un simple cathérétique, j'avais appliqué un caustique énergique, des adhérences profondes se seraient établies, et l'hémorrhagie aurait été suspendue dans tous les sens.

Les ulcères cancéreux présentent fréquemment des hémorrhagies par déchirures de vaisseaux ; il est positif alors que la ligature ne peut être proposée, et que les caustiques seuls doivent triompher.

Mme Moreau, âgée de cinquante-huit ans, a le sein gauche dévoré par un ulcère carcinomateux. Dans la nuit du 4 novembre courant, une hémorrhagie inquiétante eut lieu par le cratère de son cancer. J'eus recours de suite au mélange de farine de froment et de chlorure de zinc, partie égale de chacun, et je suspendis à l'instant la perte sanguine. Il s'en allait temps, car la malade, déjà affaiblie par de longues souffrances et par l'épuisement qu'occasionne l'ulcère, était dans un état de syncope dont on eut grand'peine à la retirer. L'emplâtre dont je me servis a le précieux avantage d'agir mécaniquement et chimiquement. A cause du gluten de la farine il est plastique, et adhère intimement aux parties avec lesquelles il est en rapport ; puis le chlorure provoque une transformation de la substance molle, mamelonnée de l'ulcère en une autre qui est ferme, imperméable, et dont l'escharre reste long-temps à se détacher, ce qui est une garantie contre l'hémorrhagie, pendant plusieurs jours; en outre, cette pâte caustique modifie l'ulcère, retarde sa marche indéfiniment, comme nous le dirons lorsqu'il sera question de l'emploi de la cautérisation dans les cancers ulcérés.

Lorsqu'une artère lésée est située profondément et dans des sinuosités, la ligature devient impossible et le caustique seul est propre à maîtriser l'hémorrhagie.

Lors des dilacérations, provenant ou de morsures, ou d'arrachemens par une force mécanique, ou de la mutilation d'un membre par un boulet de canon, il y a deux choses à faire : suspendre les pertes sanguines que fournissent les artères béantes, et régulariser, aplanir ces plaies horribles à voir.

Il fut un temps qu'à Labastide les combats d'animaux féroces étaient tolérés. Un ours, sortant de l'arène, où il avait été torturé par des chiens, aperçut près de lui un jeune garçon de douze ans qui ne se défiait de rien ; il se jeta sur lui, et d'une seule morsure lui enleva les trois quarts du mollet. Je me trouvais là, et, au moyen d'hémostatiques, je suspendis de mon mieux l'hémorrhagie provenant de cette mutilation. L'enfant fut porté à l'hôpital. Je recommandai le malade et priai l'interne de ne pas laisser cette plaie inégale, de la rendre régulière, afin d'éviter des accidens ultérieurs. Je vis l'enfant dix jours après l'accident ; il était gai, de bon appétit même ; la plaie allait, dit-on, à merveille. J'y revins au quinzième jour, le tétanos avait enlevé le malade ; il est plus que probable que si, à l'aide de la pâte au chlorure de zinc, ou tout autre agent, on eût aplani et régularisé l'ulcère, les choses se seraient passées tout autrement, et l'enfant serait aujourd'hui plein de vie.

Dans les plaies par arrachement l'hémorrhagie n'est pas, dit-on, à craindre, à cause de la rétraction des artères, due à leur élasticité ; le vaisseau s'allonge par la traction, puis celle-ci cessant, il revient sur lui-même, et s'enfonce bien au-delà du niveau du reste de la plaie, d'où s'établit un obstacle suffisant pour faire cesser l'hémorrhagie. Je ne sais si les choses devront se passer toujours ainsi ; mais il serait imprudent d'y compter, et l'état de dilacération des parties n'autorise pas le chirurgien à laisser la plaie telle qu'elle. D'un autre côté, dans ces circonstances, devrait-on rendre la plaie régulière avec le bistouri, pour s'exposer infailliblement à l'hémorrhagie ? Je ne suis pas de cet avis ; mais si, à l'aide d'un emplâtre large et suffisamment épais, fait avec partie égale de farine de froment et de muriate de zinc, on recouvre toutes les anfractuosités de la plaie, on la rendra unie ; on s'opposera à l'hémorrhagie et on préviendra le tétanos. Il en sera de même lors de l'amputation due à un projectile lancé par la poudre à canon. Le boulet fait une vaste plaie inégale, contuse, et si, au lieu de faire avec l'instrument tranchant une nouvelle amputation des parties molles, on recourait à la pâte caustique (en ayant soin de scier les inégalités des os), je pense qu'on aurait une plus grande chance de sauver les blessés. Ce serait à l'expérience à prononcer dans ces cas ; sera-t-elle jamais tentée ?

IV.

*Tumeurs érectiles.* — La tumeur érectile peut être congéniale ou acquise ; elle est anévrismatique, variqueuse, ou l'une et l'autre en même temps ; sa forme varie singulièrement. Les cas les moins malheureux sont ceux où la tumeur est pédiculée et peu profonde ; sa couleur est rouge quand c'est le tissu artériel qui la constitue ; bleue quand c'est le tissu veineux ; marbrée de rouge et de bleu quand ces deux ordres de tissus concourent à sa formation. Cette tumeur peut rester un grand nombre d'années stationnaire, ou bien s'accroître promptement, envahir les tissus voisins, éclater tout-à-coup, et faire périr le malade d'hémorrhagie.

La compression, la ligature de la tumeur ou de l'artère principale qui l'alimente, l'acupuncture, aidée de la suture ou ligature enchevillée, l'extirpation, et enfin *la cautérisation*, sont les moyens qu'on a proposés pour la cure de cette redoutable maladie. Parmi ces moyens, les uns sont insuffisans, difficiles à exécuter, compromettans et infidèles ; la cautérisation seule, faite avec un agent approprié, offre sécurité et réussite. La vaccination des tumeurs érectiles a été tentée avec succès (*Gazette des Hôpitaux*, 22 décembre 1842), et la manière d'agir du virus-vaccin dans ces circonstances se rapproche beaucoup de celui des caustiques. On ente sur la tumeur un grand nombre de boutons confluens ; la mortification s'empare de toute l'épaisseur de ce corps anévrismatique, lequel tombe en gangrène. M. le docteur Pigeau a guéri une tumeur érectile par ce moyen. (*Journal de l'Expérience*, janvier 1843, page 9.)

M. le docteur Fouilloux, de Lyon, dans un cas de tumeur érectile à la joue gauche, chez une petite fille de dix mois, essaya inutilement, et avec désavantage, de la compression ; il tenta aussi la ligature au moyen des aiguilles, préconisée par M. Lallemand. La douleur, les dangers que couraient la petite malade y firent renoncer ; puis il finit par où il aurait dû commencer, c'est-à-dire qu'il usa de la cautérisation : il la pratiqua avec un bourdonnet de charpie, imbibé d'une dissolution concentrée de potasse caustique, ledit bourdonnet, moitié moins gros que la tumeur, qu'on exprima soigneusement, et qu'on borna par un emplâtre de diachylon. L'escharre tomba le dixième jour, et la plaie était fermée en entier le vingt-sixième. (*Journal de médecine de Lyon*, 17 novembre 1842, page 136.)

L'illustre Boyer a conseillé dans ces mêmes cas la cautérisation ; mais il dit qu'on ne doit y recourir que lorsqu'une seule application peut triompher de la tumeur érectile.

L'on a vanté la cautérisation à l'aide de la poudre de Vienne ; des succès ont été signalés dans divers journaux de médecine ; il est, ce me semble, très-imprudent d'y recourir dans les cas de tumeurs érectiles : l'hémorrhagie peut en être la suite, et devenir funeste ; et, je ne cesserai de le répéter, c'est un mauvais caustique, car l'escharre qu'il provoque est molle ; il se fait un appel de sang considérable au moment de l'application, lequel sang neutralise l'action caustique de cet agent, d'ailleurs énergique, mais douloureux, dangereux, et partant infidèle.

Je ne sais si l'on n'a jamais tenté, pour les tumeurs érectiles, la pâte au chlorure de zinc, qui provoque toujours des escharres profondes, bornées, sèches, imperméables ; si, au préalable, on dénudait l'épiderme au moyen d'un vésicatoire, et qu'on recouvrit la tumeur du caustique Canquoin, je ne doute pas qu'on en retirât un succès parfait.

## V.

*Fongus hématode.* — Pour quelques auteurs, l'expression de *fongus hématode* est synonyme de *tumeur érectile*. C'est à tort : la première ne doit se dire que d'une variété de cancer mou, fongueux, chez lequel les hémorrhagies sont fréquentes, et où aussi se font ressentir des douleurs lancinantes, d'abord passagères, puis continuelles, ce qui n'a pas lieu dans la tumeur érectile proprement dite. Le *Bulletin de Thérapeutique* du mois d'août dernier en rapporte une observation des plus curieuses, due à M. le docteur J. Garin, et empruntée à la pratique de M. Bonnet. Voici quel en est le titre : « Destruction d'une tumeur fongueuse de l'œil par l'emploi de la pâte de chlorure de zinc ; guérison au quinzième jour. »

La malade est âgée de quarante-quatre ans, d'une constitution forte. Lors de son entrée à l'hôpital, la tumeur de l'œil offrait le volume d'un gros œuf de poule ; elle était légèrement bosselée, molle, rougeâtre, mobile, insensible au toucher, et saignant facilement ; elle débordait les paupières, qui étaient écartées et portées en arrière. Cette excroissance énorme pendait sur la joue, et donnait à la figure de la malade un aspect hideux, horrible à voir. M. Bonnet, de Lyon, jugeant que la tumeur pouvait s'étendre profondément dans l'orbite, rejeta l'idée d'une extirpation directe par le bistouri, parce qu'elle ne pouvait être qu'incomplète et exposer à des récidives. Il se décida à attaquer le mal *par le chlorure de zinc, dont il fait un grand usage, et dont il a reconnu les bons effets*, dit M. Garin. M. Bonnet fit appliquer sur toute la surface de la tumeur de l'œil un emplâtre de chlorure de zinc, épais seulement de trois à quatre lignes : l'application dura vingt-quatre heures ; la malade souffrit modérément. On enleva l'emplâtre. Le deuxième jour, la tumeur était convertie en une *escharre sèche ;* on en sépara une partie avec le bistouri, puis on réappliqua le caustique pendant vingt-quatre heures ; ce fut tout. La tumeur était toute escharrifiée, sèche, et on la fit tomber à l'aide de ciseaux courbés en avant. La tumeur enlevée, les paupières se fermèrent l'une sur l'autre ; on glissa entre elles, à la place de la tumeur, un bourdonnet de charpie enduit de cérat. La guérison se fit attendre seulement dix jours.

Quant aux *fongosités*, végétations irrégulières et mollasses qui s'élèvent des plaies, et qui semblent être le résultat de l'irritation, de l'exubérance, tous les praticiens sont unanimes pour les réprimer à l'aide des cathérétiques.

Les engorgemens de la thyroïde et de la rate ont été rangés au nombre des affections du système sanguin. Pour ces deux maladies une espèce de *cautérisation objective* est avantageusement employée. L'iode est un caustique assez énergique ; qu'on le mêle en certaines proportions, dans de la fécule, répandue sur de l'ouate molle, et qu'on applique le tout sur le siége de l'engorgement, on fera une espèce de cautérisation médiate. M. Velpeau, plus hardi, a traité immédiatement les kystes de la thyroïde au moyen de l'injection d'iode, et des succès nombreux ont établi l'innocuité de cette méthode. (On met un tiers de teinture d'iode et deux tiers d'eau.)

J'achève ce long article, en priant les lecteurs du *Bulletin Médical* de ne pas juger trop sévèrement les opinions un peu hasardées que j'ai émises ; peut-être que l'expérience viendra les justifier toutes.

## CHAPITRE IV.

### DES CAUSTIQUES DANS QUELQUES MALADIES DU SYSTÈME LYMPHATIQUE.

Le système symphatique est, comme on le sait, composé de vaisseaux garnis de valvules et de ganglions. Les vaisseaux lymphatiques ont été découverts en 1650. Rudbeck, qui les appela *ductus serosi*, et Bartholin, qui leur donna le nom de *vasa lymphatica*, s'en disputent la priorité. Ces vaisseaux, qui existent dans toutes les parties du corps, versent dans les veines les fluides blancs ou incolores qu'ils ont pompés à la surface des membranes ou dans le tissu des organes ; ils forment, en se réunissant, en s'agglomérant, de nombreux ganglions, d'où naissent des branches plus grosses qui aboutissent toutes, après de nombreuses anastomoses, à deux troncs principaux, au canal thoracique et au grand vaisseau lymphatique droit. Ces deux canaux se déchargent, le premier dans la veine sous-clavière gauche, et le second s'ouvre dans la portion sous-clavière du tronc brachial droit.

Les vaisseaux lymphatiques sont minces, ténus, garnis de valvules ; ils se ramifient à la manière des veines et des artères ; ils sont dilatables, contractiles et formés de deux membranes : une externe cellulaire ; l'interne est lisse, délicate et transparente. Les ganglions, corps ovoïdes, aplatis, résultant, selon Béclard, de la réunion des vaisseaux lymphatiques, sont placés partout sur le trajet de ces mêmes vaisseaux ; ils abondent à l'aisselle, au pli de l'aine, au cou, dans la poitrine et dans l'abdomen. Dans l'encéphale et la moelle épinière, dans l'œil, l'oreille interne et le placenta, on ne trouve ni vaisseaux, ni ganglions lymphatiques.

Les affections du système lymphatique parcourent leurs phases lentement; c'est de la subinflammation plutôt que de la phlogose véritable qui les atteint. L'endurcissement des ganglions enflammés succède presque aussi souvent à leur inflammation que la résolution et la suppuration. La moitié de ces affections se résout ou suppure ; l'autre moitié *passe à l'état de squirrhe.*

Ainsi donc cette fâcheuse terminaison, *l'induration*, doit être prévenue à tout prix ; il faut, en aidant la nature, doubler, tripler la subinflammation, la faire monter, en un mot, jusqu'au degré de chaleur qui amène la suppuration, et ne pas s'inquiéter de la tache indélébile plus ou moins difforme que présentera la cicatrice, suite de la fonte suppurative. J'ose croire, d'après ce que j'ai obtenu dans ma pratique, que la plupart des affections lymphatiques à l'état d'induration, qui dégénèrent, plus tard, presque toutes, en squirrhes, n'auraient jamais ou très-rarement cette fatale terminaison, si l'on faisait ce que j'ai osé effectuer dans l'imminence du squirrhe, si, dis-je, l'on recourait à la cautérisation. La cautérisation ! Que ce mot n'effraie pas ; il n'est pas toujours nécessaire d'aller détruire en totalité la partie où siége l'induration rebelle à la résolution par les seules forces de la nature ; mais il suffit, le plus souvent, de la cautérisation objective ou à distance, à l'aide du fer rouge, ou de la superposition sur le siége de l'engorgement d'une fécule chargée d'une asez grande proportion de poudre d'iode, de sel ammoniac, etc. Ce n'est que lorsque la nature reste tout-à-fait inerte, lorsqu'il y a déjà un commencement de transformation de substance, de *dégénérescence*, comme on le dit, qu'il faut attaquer vigoureusement l'induration réfractaire aux moyens benins, qu'il faut la détruire en entier, au moyen des caustiques immédiats, actuels et potentiels, afin d'éviter plus tard le squirrhe, l'enfance du cancer, qui grandit à vue d'œil, maladie qui donne sur la terre le tourment de l'enfer, la privation de l'espérance, ce doux songe de l'homme éveillé.

### INDURATION DANS LA RÉGION LATÉRALE DU COU.

Pour peu qu'on se rappelle l'anatomie de cette région, on s'aperçoit que toute opération sanglante, un peu profonde, expose à des accidens funestes. On peut léser le nerf pneumo-gastrique, la veine jugulaire interne et l'artère carotide : ces lésions uniques, et à plus forte raison simultanées, entraînent infailliblement la mort. J'ai vu faire deux opérations avec le bistouri dans cette région délicate : la première, chez une femme porteur d'une tumeur squirrheuse qui s'étendait d'une apophyse mastoïde au corps thyroïde, laquelle tumeur le recouvrait ; elle était large et épaisse. Le chirurgien, usant de circonspection, n'osa pas attaquer la tumeur jusque dans ses racines ; il en tondit, si je puis m'exprimer ainsi, les deux tiers. Cette femme succomba aux suites de l'opération. Une laryngo-trachéite vint asphyxier lentement la malade.

Le même chirurgien, enhardi par cette première tentative, rassembla l'élite des chirurgiens de la ville pour leur montrer un individu de Blanquefort, lequel avait une tumeur squirrheuse, large, épaisse, profonde, tumeur qui s'étendait d'une apophyse mastoïde jusqu'à la clavicule du même côté. Dois-je opérer? demanda-t-il aux consultans, en s'étayant de l'ombre de succès dont je viens de parler. Tous, excepté l'opérateur qui avait provoqué la consultation, furent unanimes pour qu'on respectât la tumeur. Il n'en voulut pas moins agir, disant qu'il en avait le droit, et que ce n'était qu'officieusement qu'il avait cru devoir prendre l'avis de ses confrères. Il fixa un jour pour l'opération, et une foule de chirurgiens, anxieux de savoir ce qui résulterait de cette entreprise téméraire, se trouvèrent là, *et j'y étais ; j'en sais bien mieux le compte.*

La première partie de l'opération, la dissection de la peau en lambeaux, se fit sans accident; mais aussitôt qu'on voulut détacher la tumeur dans le sens de la profondeur, nous entendîmes tous, bien distinctement, un sifflement bruyant, et le malade sembla comme asphyxié ; la veine jugulaire interne, le nerf pneumo-gastrique problablement avaient été divisés. On fit, *grosso modo,* avec un très-gros fil ciré, une ligature médiate, comprenant tout ce qu'on put atteindre, afin de suspendre l'hémorragie. Une consultation improvisée a lieu ; on décide qu'on ne poussera pas plus loin l'opération ; on porte le malade dans son lit, où il expira au bout de trois ou quatre heures. Quelle raison puissante avait engagé ce chirurgien à tenter cette opération chanceuse ? *Il faut faire quelque chose pour l'art*, nous dit-il (1).

(1) N'est-ce pas avec apparence de raison qu'un auteur de brochures que tout le monde a lues, taxe quelques médecins de ne voir dans leurs malades *qu'un sujet, que de la chair a expérimentation*, car le cœur chez eux semble étranger à tous les soins qu'ils prodiguent; ils font *tout pour l'art*, rien par philantropie. N'est-on pas quelque peu blâmable, dans les rhumatismes aigus, dans la gastro-entérite folliculeuse ou fièvre typhoïde, de prendre un certain nombre de *sujets*, et, sans avoir égard à l'âge, au tempérament, au sexe, aux saisons, etc., de les bourrer de sulfate de quinine continuellement, ou de les purger sans cesse?

De ce qu'une opération sanglante dans la région du cou est si compromettante pour le chirurgien et pour le malade, s'ensuit-il qu'on doive abandonner ce dernier à la nature, lorsqu'il présente une *induration lymphatique* dans ce même lieu? Non certes; et de l'induration au squirrhe il n'y a qu'un pas; du squirrhe au cancer ulcéré, il y a quelquefois peu d'intervalle : en voici un exemple.

Le nommé Genet, tonnelier, âgé de trente ans, présentait une tumeur lymphatique indurée, qui, lorsque je le vis pour la première fois, s'étendait de l'apophyse mastoïde à la clavicule ; le malade fut peu docile au traitement que je voulais lui imposer, et un *cancer galopant* l'enleva en six mois.

Le nommé P. Martin, vigneron, âgé de trente-deux ans, demeurant à Labastide, chez M. Jules de Pineau, me consulta, il y a quatre ans environ, pour une induration qu'il portait à la partie latérale et droite du cou, et à laquelle induration il n'avait pas fait attention; ce n'est que lorsqu'il vit mourir le sujet de l'observation précédente que la peur d'un sort pareil l'enhardit à me parler de son mal. Je vis une tumeur inégale, bosselée, rhomboïdale, de sept à huit centimètres d'épaisseur en son milieu, de neuf centimètres de large, et qui s'étendait depuis les confins de l'apophyse mastoïde jusqu'au dessous du corps thyroïde, suivant une ligne oblique par rapport à l'axe du corps.

J'ai essayé vainement les fondans, ou soi-disant tels, et en dernier lieu, incertain sur le diagnostic de la tumeur, je présentai ce malade, un mardi, à la consultation de la Société de médecine, à l'hôtel du Musée. Les médecins composant ladite Société examinèrent chacun à son tour l'induration de P. Martin, et conclurent qu'il fallait respecter la tumeur qui leur paraissait de nature

M. Dieffenbach, par expérimentation, saigna un cholérique à *l'artère axillaire;* après un écoulement de sang de quatre à cinq onces, le cœur s'étant vidé, le malade mourut bientôt après. D'accord avec le docteur Casper, ce même médecin ouvrit *l'artère humérale* dans son tiers supérieur chez un second cholérique; puis il y introduisit une sonde élastique et la dirigea jusque *dans le cœur.* « Il est fort regrettable, ajoute M. Dieffenbach, que cette opération si intéressante pour la physiologie ait été faite sur un homme qui était aussi près de sa fin, et qui, saisi de crampe, expira bientôt !... »

(Voyez un petit ouvrage du docteur Dieffenbach, intitulé *Observations faites sur les cholériques*, lequel a obtenu *le prix Monthyon !...*)

suspecte. Le malade, que j'étais décidé à abandonner, m'engagea à le débarrasser à tout prix d'un mal qui faisait le tourment de sa vie. Ayant, dans les tumeurs de l'aine, poulains et autres, employé avec bonheur la potasse caustique, pour entraîner la fonte suppurative et une modification puissante dans la vitalité de ces sortes d'indurations lymphatiques, je me décidai à user du même moyen chez Martin, persuadé que sa tumeur n'était pas encore arrivée au degré de squirrhe. En conséquence, je superposai plusieurs rondelles de sparadrap de diachylon, laissant en leur centre une ouverture arrondie. Je les plaçai sur la tumeur, et je mis dans le vide central des rondelles un morceau de potasse caustique; je le recouvris de coton cardé, et maintins le tout par une rondelle de sparadrap de diachylon, non percé dans son centre, et plus large que les autres. Voici quels furent les effets de cette cautérisation : d'abord, suppuration abondante, après la chute de l'escharre, dans le lieu immédiatement atteint par le caustique, et inflammation phlegmoneuse tout autour de la plaie résultant de la cautérisation. Un grand nombre de phlegmons se développèrent tantôt simultanément, tantôt les uns après les autres; puis suppuration et diminution graduelle dans l'épaisseur et dans la circonférence de la tumeur indurée, de sorte que peu à peu, dans trois mois au moins, la tumeur fut tout-à-fait résolue; il ne reste plus qu'une légère cicatrice due à la potasse.

Ferrière, tailleur de pierre, âgé de trente-quatre ans, portait, depuis huit ans environ, une tumeur suspecte, plus développée encore dans le sens de la surface et de la profondeur que celle du sujet précédent. Cet homme, qui est peu impressionnable, gardait sa tumeur et ne s'inquiétait que de l'obstacle qu'elle mettait en grande partie à ses occupations, car la tumeur s'étendait de l'apophyse mastoïde droite jusqu'à la clavicule, et occupait la moitié du cou en tous sens, de sorte que les mouvemens de rotation de la tête étaient à peu près impossibles. La femme de Ferrière, huit jours après un accouchement quelque peu prématuré, par suite de supression de lochies, gagna une fièvre d'apparence typhoïde par infection purulente; des escharres énormes se montrèrent au sacrum et aux trochanters. Ce fut le mari qui, nuit et jour, pansa, soigna cette cruelle maladie, qu'il contracta lui aussi, ce qui est une nouvelle preuve entre mille de la contagion dans quelques circonstances particulières de la fièvre typhoïde. M. le docteur Gintrac vint plusieurs fois en consultation voir ces deux malades, et put constater la tumeur de Ferrière à laquelle nous ne nous arrêtâmes pas, parce qu'une affection plus immédiatement intense, plus prompte dans sa marche, nous occupaient tout entiers. Dans la convalescence de Ferrière, je lui proposai de m'occuper de sa tumeur, qui était de forme rhomboïdale très-épaisse, indolore ; j'entrepris de lui donner un surcroît de vie, d'activité qui lui manquaient pour la mener à résolution. Je ne recourus pas au caustique qui agit en quelques heures, la tumeur était trop vaste ; il eût fallu provoquer des escharres trop dégradantes, trop larges et trop profondes, ce qui n'aurait pu avoir lieu sans danger pour la vie du malade. J'usai d'un moyen que je trouve analogue à la cautérisation objective : je pris quatre grammes d'iode en poudre, incorporée à soixante grammes de fécule de pommes de terre, j'en répandis sur de l'ouate de coton en quantité suffisante, et j'en recouvris la tumeur en entier. Il ne fallut pas plus de huit jours pour réveiller l'indolence de cette tumeur qui restait depuis plusieurs mois dans un fâcheux *statu quo*. Une fluxion sanguine y fut appelée ; le gonflement, la douleur, en un mot, tous les caractères de l'inflammation phlegmoneuse ne tardèrent pas à se dessiner. Le malade était fâché contre moi de ce que je lui avais, disait-il, augmenté son mal ; mais néanmoins il persévéra, ayant confiance en ce que je lui disais. Voici comme les choses se passèrent. Plusieurs petits anthrax apparurent, à divers intervalles, sur la tumeur ; ils suppurèrent et s'affaissèrent ensuite, et chaque fois la masse de la tumeur diminuait dans le sens de l'épaisseur ; un phlegmon central plus développé que tous les autres aida puissamment à la résolution de la tumeur. Aujourd'hui il ne reste qu'un très-petit noyau qui n'a pas fondu, parce que Ferrière a cessé tous moyens résolutifs. Qui peut le plus peut le moins, et je pense que lorsqu'il voudra recommencer le genre de cautérisation objective qui lui a si bien réussi déjà, il se débarrassera de l'induration restante qui est peu de chose, et dont il ne s'inquiète guère.

J'ai parlé dans un de mes précédens articles du bubon vénérien ; mais il existe un bubon *sui generis* qui paraît se développer spontanément à la suite de fatigues par la marche, ou même par suite d'excès de coït sans contamination aucune. C'est surtout chez des jeunes gens de quinze à vingt ans que ce genre de bubon lymphatique se montre le plus souvent. M. Gabalda (*Bulletin de Thérapeutique*, livraison de janvier 1846 et de mars suivant) donne un excellent article sous le titre de *Considérations pratique sur les bubons scrofuleux et leur traitement;* mais il admet, ce qui ne me paraît pas logique, que le bubon scrofuleux peut être quelquefois le résultat de la blennorrhagie, du chancre, du phimosis, du paraphimosis, de l'herpès, disant que ces affections syphilitiques agissent tout simplement en déterminant l'inflammation des ganglions de l'aine et non en vertu de leur nature spécifique. M. Gabalda dit judicieusement ailleurs : « Le premier pas dans le traitement des maladies, selon le précepte de Hunter, est de s'assurer quelle en est la nature. Le traitement mercuriel est au moins inefficace s'il n'est nuisible dans les bubons strumeux. Le traitement interne doit être anti-scrofuleux. » Les frictions résolutives avec l'onguent mercuriel, les pommades au proto-induré de mercure, à l'iodure de plomb n'exercent le plus souvent aucune action sur les tumeurs de cette nature, ajoute M. Gabalda ; il conseille l'application, *loco tumenti*, des vésicatoires successifs dans le cas d'empâtement diffus du tissu cellulaire, quand les ganglions ne sont ni durs ni volumineux, car, dans cette dernière circonstance, la cautérisation seule, comme je l'ai dit à l'article bubon vénérien, peut en triompher d'une manière définitive. De tous les caustiques qui ont été proposés contre le bubon, celui que paraît préférer M. Gabalda est la poudre de Vienne. Pour mon compte je me suis mieux trouvé de la potasse caustique pure et simple. « J'ai eu à traiter, dit le médecin que je viens de citer, pendant l'année 1845, dans le service de M. Ricord, plus de cent bubons scrofuleux par ce dernier moyen, c'est-à-dire par la cautérisation à l'aide de la poudre de Vienne, et j'ai pu, ajoute-t-il, m'assurer qu'aucune autre méthode ne peut procurer une résolution aussi prompte, et qu'aucune ne prévient d'une manière plus certaine les récidives qui sont si fréquentes dans l'affection qui nous occupe. » M. Gabalda, suivant le précepte de Ricord, a fait plusieurs applications successives de poudre de Vienne ; il en a poussé jusqu'à douze, afin de détruire complètement les ganglions engorgés, afin de ne pas voir récidiver la tumeur. En agissant ainsi, on ne laisse rien à faire à la nature, ce qui ne me semble ni sage ni prudent, et je soutiens qu'une seule application de potasse caustique, capable de provoquer une escharre assez intense, suffit pour réveiller les ganglions indurés, pour y provoquer jusque dans leur centre, par *consensus*, une inflammation qui entraîne une fonte suppurative. Ce que je dis, je l'ai expérimenté.

### OBSERVATIONS.

M. G., voiturier, âgé de trente-deux ans, sourd depuis l'âge de douze ans, d'un tempérament lymphatico-sanguin, teint blanc, cheveux presque ardens, se frappa la partie antérieure de la jambe droite, au tiers supérieur et sur la crête même du tibia, à un corps dur et anguleux qu'il n'avait pas aperçu dans l'obscurité de son écurie. C'était au mois de décembre 1837. La douleur, qui fut très-vive au moment de l'accident, ne se faisait plus sentir le lendemain matin. Au bout d'une quinzaine survint une tumeur *anthracoïde* dans le lieu même de la jambe qui avait été heurté. La fièvre s'alluma forte et intense, hors de proportion avec le peu d'étendue de la tumeur. Saignée du bras, cataplasmes de riz sur la tumeur, laquelle présente en son centre un bourbillon de tissu cellulaire mortifié; les ganglions de l'aine du même côté se tuméfièrent. Le bourbillon de la plaie de la jambe étant tombé, la plaie qui lui succède est profonde, les bords en sont coupés à pic, la peau dans les environs de l'ulcère est indurée d'un rouge livide, décollée et laissant sourdre entre sa dernière couche et le tissu cellulaire sur lequel elle repose, une humeur ichoreuse (mélange de cérat et de baume d'Arcéus, étendu sur un plumasseau de charpie, dont on recouvre la solution de continuité). Le mal semble aller mieux ; mais il gagne en surface ce qu'il perd en profondeur. Peu de jours après, l'ulcère est presque cicatrisé, et les ganglions de l'aine, sympathiquement engorgés, se résolvent aux trois quarts. Le malade, cocher de son métier, fait un voyage de trois jours, sans même avoir le temps de dormir. La fièvre s'allume aussi forte que la première fois ; les ganglions de l'aine et de la partie antérieure de la cuisse droite se gonflent énormément, sont durs et inégaux. A la cuisse il y a une agglomération des glandes conglobées, dont l'ensemble forme une tumeur cuboïde profonde et de la largeur de la paume de la main. Le malade garde le repos et le *decubitus* horizontal ; la plaie de la jambe se rouvre et les bords en sont indurés, coupés à pic ; il y a quelque chose au premier coup d'œil qui semblerait attester une origine syphilitique. Je donne comme pierre de touche la liqueur de Van-Swieten à l'intérieur, et le malade se frictionne les aines et la cuisse avec l'onguent napolitain. Le mal reste stationnaire pendant une quinzaine de jours, puis l'ulcère grandit, puis un nouvel anthrax spontané apparaît à la jambe gauche, lequel provoque aussitôt *une ganglite agglomérée* dans l'aine correspondante. Je panse l'ulcère avec l'onguent mercuriel, et j'ouvre un abcès qui s'est formé près de l'aine droite, abcès qui est dû à la fonte d'une partie de la tumeur lymphatique de forme rhomboïdale, dont j'ai parlé tout-à-l'heure ; cette fonte a été amenée par l'augmentation de *l'action organique* de la vie dans la tumeur indurée, phénomène qui a eu lieu au moyen de la poudre d'iode incorporée à la fécule, sorte de cautérisation objective ; mais les ganglions de l'aine correspondante se tuméfient de nouveau ; l'ulcère de la jambe, qui allait mieux, empire malgré la médication mercurielle interne et externe. Aussi je compris dès lors que je devais avoir affaire à une maladie du système lymphatique, et j'agis en conséquence en donnant les anti-scrofuleux, qui, quoique avec lenteur, il est vrai, agirent néanmoins efficacement. Cette maladie dura près d'un an. Si j'avais eu affaire à un sujet moins pusillanime, j'aurais employé d'emblée, sur toutes les tumeurs lymphatiques, la cautérisation avec un agent chimique qui aurait agi énergiquement ; mais le sieur G... ne voulut jamais m'y autoriser : aussi son mal s'est-il prolongé au-delà du temps nécessaire à la cure de ce genre de maladie.

M. B..., commis négociant, d'un tempérament éminemment lymphatique, par droit de naissance surtout, car ses parens portent le cachet de ce tempérament, et quelques membres de la famille sont strumeux, ce monsieur, dis-je, âgé de dix-huit ans, faisait de longues courses pour les affaires de la maison où il travaillait à Bordeaux, et arrivé chez lui, à Labastide, loin de se reposer, il aidait aussi son père dans son commerce. Qu'arriva-t-il de là, c'est que les ganglions de l'aine, d'emblée et des deux côtés à la fois, s'enflammèrent, grossirent et lui donnèrent une fièvre des plus intenses, qui dura huit grands jours d'abord, malgré une saignée du bras, et une application de sangsues à l'anus ; puis apparurent dans les aines les deux tumeurs *bubonoïdes*.

J'interrogeai ce jeune homme en particulier pour m'informer s'il n'avait eu aucune accointance suspecte avec quelque femme; il m'assura qu'il était vierge, chose à laquelle je suis porté à croire, car les jeunes gens de nos jours, grâce au progrès des lumières sans doute, rougiraient d'être purs et chastes, lorsqu'ils ont atteint leur dix-huitième année. De peur, néanmoins, d'être trompé dans mon diagnostic, j'essayai, à l'insu des parens, les mercuriaux, soit en frictions, soit à l'intérieur; je n'en retirai pas le plus mince bénéfice : bien au contraire, les tumeurs de l'aine croissent à vue d'œil, douleur, chaleur, rougeur à un degré intense. Je suspends les mercuriaux, et j'applique sur chaque bubon lymphatique un morceau de potasse caustique, de grosseur inégale, parce que l'une des tumeurs était moins volumineuse que l'autre. Aussi les résultats ne furent pas identiques ; le bubon de l'aine droite, suffisamment cautérisé, eut, à la chute de l'escharre, une suppuration abondante, accompagnée graduellement de la résolution des ganglions engorgés.

Les ganglions de l'aine gauche, un peu moins gonflés que ceux de l'aine opposée, ne se résolvant pas complètement, je recours à la poudre d'iode amidonnée pour hâter leur résolution, sinon leur maturation. Ce monsieur était assez bien ; il y avait un mois que la maladie avait commencé. Il marcha et mangea plus que la prudence et mes prescriptions ne le lui avaient permis; aussi une violente fièvre s'alluma, et des douleurs dans les deux aines me firent diagnostiquer une recrudescence dans les bubons lymphatiques, ce qui eut lieu, en effet. M. le docteur Paillou me fut adjoint, comme médecin consultant; je lui détaillai les moyens spécifiques que j'avais employés d'abord, mais en vain, contre une affection que j'avais craint devoir être de nature syphilitique ; il me corrobora dans l'opinion postérieure que j'avais eue touchant l'origine lymphatique des bubons, et me cita, à l'appui, plusieurs cas de sa pratique. En conséquence, nous donnnâmes les anti-scrufuleux, et localement sur les tumeurs des aines qui commençaient à poindre, je plaçai une peau de cygne saupoudrée d'un topique d'iode et de fécule, et la résolution s'opéra cette fois sans suppuration; depuis lors, ce jeune homme se porte très-bien.

Il est évident que si l'engorgement lymphatique occupait le creux de l'aisselle où la région poplitée, la continuité du membre ou une de ses extrémités, il faudrait toujours faire passer, de la subinflammation à l'inflammation franche, les ganglions lympathiques indurés, qui, sans ce *stimulus*, resteraient stationnaires pendant de nombreuses années, et qui seraient susceptibles de *dégénérer* en squirrhe et cancer, si on n'augmentait de quelques degrés l'action organique, la vie, dis-je, dans leur contexture.

Lorsque les engorgemens lymphatiques existent dans quelques cavités splanchniques, le mode de cautérisation directe ne peut être adopté. On est réduit à donner intérieurement, à titre de fondans, à doses altérantes, de véritables caustiques, tels que l'iodure de potassium, l'hydrochlorate de barite, etc. Mais on pourrait aussi, comme ma pratique me l'a fait connaître, employer l'espèce de cautérisation objective dont j'ai déjà parlé, c'est-à dire que dans le carreau, par exemple, on applique sur la peau de l'abdomen une vaste fourrure, sur laquelle on répand au préalable, soit de la poudre d'iode unie à la fécule, soit du chlorure d'ammoniaque, etc. L'absorption du médicament héroïque peut voiturer jusqu'à l'engorgement lui-même quelques *atômes fondans*, c'est-à-dire des particules qui augmentent de plusieurs degrés le mode de vitalité des ganglions mésentériques indurés et qui aident ainsi efficacement à leur resolution.

## CHAPITRE V.

### DES CAUSTIQUES DANS LES AFFECTIONS DU SYSTÈME DERMOÏDE OU DE LA PEAU PROPREMENT DITE ; QUELQUES CONSIDÉRATIONS PRATIQUES SUR LES ÉRUPTIONS CUTANÉES EN GÉNÉRAL.

Le tégument externe, ou la peau, enveloppe tout le corps ; il se continue partout avec le tégument interne ou système muqueux, et s'y confond à toutes les ouvertures naturelles ; de sorte qu'il est difficile de dire où l'un commence et où l'autre finit. La peau présente la forme du corps, puisqu'elle en est la limite. Sa surface externe, en rapport avec le monde extérieur, est humectée par le produit des exhalations perspiratoires et sébacées ; les bourses sébacées y ont leur orifice. La surface interne de la peau est plus ou moins unie au tissu cellulaire sousjacent, selon que la peau est appelée, ou non, à faire des glissemens bornés ou étendus. Le derme, le réseau vasculaire, le corps capillaire, le corps muqueux et l'épiderme, forment les diverses couches de la peau, en allant de l'intérieur à l'extérieur. La peau est parcourue par une grande quantité de nerfs qui rampent à la surface externe du derme ; les vaisseaux sanguins y sont aussi très-abondans : de là une *prédisposition* à un grand nombre d'affections morbides. La peau est un organe de sensations tactiles, et du toucher proprement dit. Elle exhale, comme nous venons de le dire, deux genres d'humeurs qui sortent par la surface libre : l'un, le liquide sébacé, et l'autre, qui sort continuellement, sous forme de vapeur, nommée *perspiration insensible*, ou sous forme aqueuse, et s'appelle alors *sueur*.

De nos jours la médication substitutive, qui n'est que l'homœopathie appliquée à doses rationnelles, est en grande faveur. C'est à notre célèbre Ambroise Paré qu'est due cette méthode (1), qui de prime abord semble si fort répugner à la saine pratique. En effet, si l'on cherche à produire sur une dermatose une irritation très-vive, on la recouvre d'un large vésicatoire, comme l'a conseillé, le premier, l'habile chirurgien que je viens de citer ; mais s'il devient urgent de changer entièrement l'état des surfaces, ou de borner les ravages d'une maladie qui tend à la destruction, on a recours alors aux caustiques plus ou moins énergiques, tels que l'acide hydrochlorique, que l'on étend rapidement sur les parties malades, la poudre de Vienne, le chlorure de zinc, etc., ou bien l'azotate d'argent, s'il ne s'agit que de cautériser légèrement toute la surface d'une dermite. Lorsqu'il s'agit de borner les ravages d'un *lupus*, par exemple, on a recours aux cautères potentiels les plus actifs.

Les anciens usaient des caustiques ; mais, dit M. Duparc-Duchesne (en un travail remarquable, *sur la cautérisation dans le traitement des maladies de la peau*, inséré dans la *Revue Médicale*, août 1845), aux médecins modernes appartient l'honneur d'avoir régularisé l'application de ces agens puissans, et d'en avoir usé dans des cas nouveaux et bien arrêtés, qu'ont

(1) Dans les dermatoses.

publiés MM. Bretonneau, Serres, Velpeau, etc.; et M. Duparc dit que Gamberine usait de la pierre infernale dans les engelures et dans l'érythème chronique ; que Simon et John Higginbotton s'en servaient avec avantage dans les érysipèles de la face, ayant soin d'étendre l'action du caustique au-delà de l'érysipèle, c'est-à-dire sur les parties saines.

M. Duparc, dans son mémoire, examine la cautérisation dans les dermites sous le triple rapport des indications des genres morbides qui réclament l'emploi de la cautérisation, du choix des agens caustiques, et enfin de l'action de ces derniers sur les tissus.

Parmi les inflammations cutanées, la cautérisation est avantageuse dans plusieurs formes de l'érythème.

Ainsi, dans l'*intertrigo* des oreilles, chez les enfans, lorsque les parties malades viennent à se creuser et à se couvrir d'un *coagulum* épais, on se trouve très-bien de les toucher avec la pointe d'un crayon d'azotate d'argent, ou l'extrémité d'un petit pinceau trempé dans une dissolution de cinq grammes de sel d'argent, avec trente grammes d'eau distillée ; on pourrait même élever la dose de ce sel jusqu'à dix grammes dans la même quantité d'eau distillée. Par suite de la cautérisation pratiquée ainsi, il résulte une escharre mince, laquelle est brune sur la peau non excoriée, blanche sur les plaies, et dont la chute laisse voir des progrès marqués vers la guérison. Il faut recourir souvent à plusieurs cautérisations successives, pour arriver à un résultat définitif ; mais, dit M. Duparc-Duchesne, il est rare que ce moyen, employé de manière à ne pas détruire les premiers rudimens de cicatrices qui peuvent déjà exister, ne réponde pas à l'attente du praticien. M. Duchesne préconise, dans l'érysipèle, la cautérisation de la même manière, ou même avec le fer rouge, comme le faisait Larrey, dans les érysipèles dus aux molécules purulentes chariées avec le sang. Les répercussifs, dans ce dernier cas, et les rubéfians exaltent d'une manière fâcheuse les propriétés vitales : c'est le cautère actuel qu'il convient d'employer, comme le voulait Pelletan, cautère qui éteint la douleur en désorganisant l'épiderme et l'épaisseur du réseau des vaisseaux injectés. M. Tanchou, dans l'érysipèle ordinaire, vante l'application d'une compresse trempée dans une dissolution d'un gramme de nitrate d'argent et deux cents grammes d'eau distillée, avec le soin de renouveler ces applications toutes les deux heures. Malgré les faits opposés à ce genre de médication de l'érysipèle, qui ont été publiés par MM. Rayer, Chomel et autres, M. Duparc conseille fortement ce genre de médication substitutive ou homœopathique. MM. Serres et Velpeau ont démontré que l'application directe du nitrate d'argent, faite dans les trois premiers jours de l'apparition des bulles du pemphygus, en arrête nettement et constamment le développement ultérieur. M. Duchesne veut qu'on ouvre la bulle et qu'on n'en cautérise que le fond.

La cautérisation réussit très-bien dans les diverses variétés de maladies vésiculeuses ; l'*herpes præputialis,* le labialis, le zoster, etc. Une cautérisation bien faite abrège la durée de l'éruption, évite les excoriations et les escharres, prévient enfin les douleurs, souvent très-vives, qui persistent quelquefois fort long-temps après la disparition du *zona*. L'*urticaire,* déterminé par la piqûre de certains insectes et plantes vireuses, cède admirablement bien aux cautérisations par l'ammoniaque. M. Rayer ne croit pas qu'on doive toujours cautériser dans les cas de vésiculites discrètes, mais si fait bien quand il y a *confluence*. La cautérisation se fait à sec, à l'aide du crayon d'azotate d'argent, ou avec un pinceau trempé dans une solution concentrée du même agent caustique.

Dans l'ordre des exanthèmes, ce que dit M. Duchesne était déjà connu. M. Bretonneau avait proposé de cautériser les pustules, en piquant leur sommet avec une aiguille d'or ou d'argent chargée de pierre infernale, ou mieux d'enlever la pointe des pustules et de les toucher ensuite avec un crayon de pierre infernale. M. Serres a voulu généraliser ce moyen sous le nom de *méthode ectrotique :* il cautérise avec un crayon de nitrate d'argent plus ou moins chargé de ce sel. On trempe dans la solution un petit pinceau de charpie, et l'on enduit, à deux reprises, toute la surface que l'on veut cautériser. Dès que la cuisson produite par cette cautérisation se fait sentir, on arrose la partie avec de l'eau froide, ou on la recouvre de compresses imbibées d'une décoction émolliente, et plus tard on fait des embrocations avec de l'huile d'olive. Cette méthode a l'inconvénient d'ajouter à l'intensité des symptômes inflammatoires ; la cautérisation de chaque pustule individuellement, comme l'indique M. Bretonneau, est bien préférable, et l'on ne doit en user que sur la peau du visage ou aux mains, afin d'éviter les accidens inflammatoires qui ne manqueraient pas de se manifester, si on opérait sur une vaste surface.

Les exanthèmes sont dus à une espèce de travail éliminateur de dépuration ; aussi ne doit-on pas se borner à s'occuper seulement de la peau, sur laquelle ils se montrent. Je considère les exanthèmes et la fièvre qui les accompagne comme le résultat d'un empoisonnement miasmatique, dû à un principe inconnu, principe que Gruby croit le résultat d'insectes parasites, lesquels s'introduisent dans le système sanguin, le plus souvent par les voies respiratoires, quelquefois par inoculation, sont chariés dans le sang, produisent la fièvre, surexcitent le système nerveux qui retentit sur les tégumens interne ou externe, c'est-à-dire la peau et les muqueuses. On s'éloigne également de la vérité, en supposant avoir affaire à une gastro-entérite simple, ou bien à une dermatose *absolue*. Il y a une affection complexe ; les solides et les liquides vivans sont contaminés ; le principe vital a une lutte à soutenir. Que feront alors les organiciens, les humoristes, les vitalistes absolus ?.. des fautes probablement. Que devront tenter les praticiens ?.. l'éclectisme, c'est-à-dire qu'ils feront concourir ces trois systèmes opposés à un but unique, c'est-à-dire la guérison la plus sûre et la plus prompte, j'aurais dû dire la plus rationnelle.

Quels sont les indications à remplir dans les fièvres éruptives ? J'en reconnais trois importantes : modifier le mode d'irritation des tégumens externe et interne ; pousser au dehors le principe septique qui opprime la vie dans son essence ; et enfin combattre les congestions d'organes qui ont le plus sympathisé avec l'affection générale. Nous savons que, dans la morsure de la vipère, on a donné avec avantage, à l'intérieur, l'eau de Luce (1) ; que, dans l'ivresse due aux boissons fermentées, on réveille le principe vital, accablé sous le poison alcoolique, au moyen de quelques gouttes d'ammoniaque liquide suspendues dans un verre d'eau et qu'on fait boire tout d'un trait à l'individu ivre-mort ;

(1) Pour faire de l'*eau de Luce*, on mêle dans un flacon bouché 16 grammes d'ammoniaque liquide (à 22 degrés) à partie égale d'eau distillée, et on ajoute 1,25 centigrammes d'une teinture obtenue par la digestion de 4 grammes de savon noir, 4 grammes de baume de la Mecque, et 16 grammes d'huile de succin rectifié, dans 190 grammes d'alcool à 36 degrés.

qu'à la suite de cette boisson il survient chez l'homme ivre une abondante diaphorèse qui entraîne au dehors les principes toxiques. Cela posé, j'ai cru que, dans les fièvres éruptives, je pourrais retirer de cet agent thérapeutique, de ce caustique diffusible, des avantages réels, et l'expérience est venue justifier mes inductions qui paraissaient tout d'abord hasardées. Je l'ai donné dans trois circonstances : 1° dans l'incubation dont l'éruption est tardive ; 2° pendant l'éruption, pour la maintenir à la peau et augmenter le nombre des boutons, des taches, des plaques, etc., lorsqu'il me semblait qu'il n'y en avait pas une quantité suffisante ; 3° dans la disparition brusque de l'éruption : c'est alors le médicament le plus précieux que je connaisse.

Comment agit-il dans ces circonstances ? Est-ce comme antiseptique, comme excitant diffusible, comme modificateur des muqueuses gastriques et de la peau, comme diaphorétique, comme caustique ? Au lieu de répondre séparément à ces questions, je dirai, telle est ma conviction, qu'il agit de ces cinq manières à la fois.

Une épidémie meurtrière de rougeole a régné, l'année 1841, à Labastide ; pour ma part j'ai soigné un grand nombre d'enfans, qui en ont été atteints à des degrés divers. Je n'en ai pas perdu un seul, et je crois devoir cet heureux résultat à l'emploi du *diffusible ammoniacal :* car aussitôt que les confrères de mes environs eurent suivi ce même mode de traitement, aussitôt l'affection cessa de devenir funeste. Je regrette de n'avoir pas pris des notes exactes sur tous les cas qui se sont offerts alors à ma pratique. Je puis affirmer que, dans toutes les circonstances où l'incubation du virus rubéolique s'est prolongée au delà du terme normal, j'ai pu, dans quelques heures, faire aboutir à la peau l'éruption difficile. Maintes fois j'ai été appelé pour des enfans atteints, depuis dix et quinze jours, de rougeole *sine rubeolâ*, affection qui était reconnaissable aux autres symptômes essentiels; toujours en moins de douze heures, j'ai vu apparaître à la peau les taches qui ont valu le nom que porte cette maladie : dès lors l'agitation, l'anxiété, la fièvre qui assiégeaient les petits malades cessaient en grande partie, et tout marchait naturellement.

S'il est avantageux de faire éclore une éruption qui se fait attendre, il l'est bien davantage de la rappeler à la peau lorsqu'elle disparaît tout-à-coup. Cette fâcheuse métastase tue un grand nombre de petits patiens. Je vais citer deux cas, les seuls qui se sont présentés à moi durant l'épidémie de rougeole, et dans lesquels j'ai été assez heureux pour rappeler sur le tégument externe l'éruption qui en était disparue brusquement. Ce que j'avance touchant la rougeole doit s'entendre également de la scarlatine, de la miliaire, de la variole, etc.

Obs. 1re. — Au mois de février 1841, époque à laquelle la rougeole faisait des ravages, on m'envoya chercher pour l'enfant du nommé Ferrière, tailleur de pierres à Labastide. Le médecin ordinaire était absent. J'avais affaire à une éruption rubéolique *rentrée*. Pâleur générale de tout le corps, éclampsie effrayante qui durait depuis deux heures. Je recouvre la peau de tous les membres de sinapismes, et je fais écarter les mâchoires très-serrées du petit patient à l'aide d'une queue de cuiller; j'introduis dans la bouche un looch où entrent trois grammes d'acétate d'ammoniaque. La déglutition s'en opère parfaitement; quatre ou cinq heures après, l'éruption se développe plus intense qu'auparavant. Le délire et les convulsions cessent. Les choses marchent ensuite comme dans une rougeole bénigne. Je n'omettrai pas de dire qu'une sueur abondante a précédé la réapparation de l'exanthème, afin qu'on n'attribue pas aux sinapismes l'honneur de ce résultat favorable.

No 2. — Mlle Mède, âgée de douze ans, eut, le 1er mai 1842, le corps tout couvert d'une éruption anormale d'apparence rubéolique. Il y n'y avait pas de fièvre, pas de coriza, de larmoiement, ni de toux; l'appétit se maintenait : aussi fit-elle peu de cas de son mal, et voulut-elle, le soir, aller voir tirer un feu d'artifice aux Quinconces. L'air était très-frais. Cette jeune personne se coucha, à son retour chez elle, transie de froid, puis eut une fièvre très-intense. La nuit fut très mauvaise : pas de sommeil, agitation continuelle, respiration difficile, anxieuse. Le lendemain, de bonne heure, je fus appelé, et je trouvai la malade dans un état alarmant. Elle qui d'habitude a de la fraîcheur, le teint fleuri, présentait quelque chose de cuivré ; les ailes du nez étaient tirées, la respiration était pantelante. Immédiatement je fais avaler, par cuillerées et à de courts intervalles, une potion de 150 grammes de véhicule dans lequel entre huit grammes d'esprit de Minderer; j'applique les sinapismes aux extrémités inférieures. Deux heures après, sueur copieuse ; le tégument externe se recouvre de myriades de boutons de roséole. Dès lors tout se passe comme dans un exanthème à marche régulière et franche. Dans l'après-midi la malade put se permettre, sans le moindre accident, d'avaler un potage au gras.

N° 3. — Dourneau, âgé de onze ans, fut saisi, au mois de juin de l'année 1841, d'une fièvre des plus intenses, avec douleurs atroces dans les lombes, céphalalgie suborbitaire excessive, agitation continuelle ; par conséquent pas l'ombre de repos ni de sommeil. La fièvre pendant quatre jours allait *crescendo ;* le délire avait lieu de temps en temps, ainsi que des soubresauts dans les tendons des muscles des bras. Les parens, inquiets sur le sort de l'enfant, auquel une saignée et tous les moyens propres à combattre les accidens inflammatoires avaient été inutilement employés, me prièrent d'appeler un confrère pour m'aider de ses conseils et de ses lumières. M. Péraire vint le soir du sixième jour de la fièvre, et je lui fis part de la supposition que je faisais sur l'état du malade. La petite vérole, la rougeole et aucune autre maladie éruptive ne régnaient alors ; mais les symptômes précités observés sur le jeune Dourneau me portaient à croire que nous avions à combattre une affection éruptive, dont l'incubation était prolongée. M. Peraire ne fut pas de mon avis ; et faisant la médecine des symptômes, d'après ses conseils, j'appliquai de la glace sur la tête, je mis des sangsues aux mastoïdes, je donnai la limonade. Au départ de mon confrère, j'ajoutai, tourmenté que j'étais de l'idée d'une éruption difficile, une potion de 160 grammes de véhicule, y compris 10 grammes d'acétate d'ammoniaque. Le matin, de très-bonne heure, avant jour, j'allai voir le malade, et j'examinai, à la lumière d'une lampe, son front, ses joues et son cou. J'y vis pointer des myriades de boutons acuminés, lesquels, grossissant jusqu'au soir, ne me permirent plus de douter que j'avais affaire à une petite vérole que je traitai en conséquence et avec plein succès.

Il est de la plus haute importance, dans la période d'incubation d'une affection exanthématique, de ne pas contrarier le mouvement dépurateur qui a lieu du centre à la circonférence ; un purgatif donné alors tue presque toujours le malade : en voici un exemple.

Un vigneron, homme de soixante ans, nommé Laplaine, qui

travaillait sur la propriété où était le jeune Dourneau, et mangeait dans la chambre où était couché ce dernier, se retira chez lui, à Bassens, avec fièvre, céphalalgie, lumbago. Le médecin du lieu n'ayant égard qu'à l'état de la langue, donna d'emblée un purgatif, lequel enraya, en partie, l'effort de la nature tendant à pousser à la peau le principe délétère qui accablait la vie dans les organes profonds. Le malade mourut du cinquième au sixième jour, et quelques boutons disséminés annoncèrent qu'on avait eu affaire à une éruption variolique contrariée dans sa marche, et non pas à un embarras gastrique.

J'ai observé un cas de fièvre variolique *sine variolâ*. Deux Bretons, père et fils, l'un capitaine caboteur, et l'autre son second, allèrent ensemble visiter un individu atteint de variole. Trois jours après, nos deux visiteurs furent saisis, à peu près à la même heure, d'une forte fièvre avec céphalalgie, lumbago, inquiétudes nerveuses dans les membres, en un mot, des prodromes de l'exanthème variolique. Je donnai à tous deux la potion avec l'acétate d'ammoniaque ; le fils eut une belle éruption de variole discrète qui suivit une marche régulière ; le père n'eut que la fièvre intense, avec tous les symptômes, moins l'éruption, fièvre qui se prolongea une semaine.

Je ne puis passer sous silence deux observations de rougeole à Labastide, chez deux demoiselles de mes clientes, qui eurent à la même époque (1841) une rougeole bien caractérisée, qui parcourut sa marche régulièrement ; la convalescence est parfaite, la santé se rétablit au grand complet. On se promène, on s'amuse, on ne se rappelle plus l'éruption ; un mois s'écoule, et deux sont prises de fièvre assez intense, de toux, de larmoiement et d'éternuement, en un mot, des prodromes de la rougeole. J'administre la potion avec de l'esprit de Minderer, et la rougeole se développe chez l'une et chez l'autre plus intense encore que la première fois ; mais tout ce passa bien, et la santé revint sans accident. En 1834, j'ai observé chez Mlle Adèle Delas une récidive de scarlatine à un mois d'intervalle ; mais je dois dire que, dans ce cas, l'intermittence des deux scarlatines ne fut pas la santé parfaite, et cette jeune personne se plaignait alors de malaise, d'inappétence et de fatigues continuelles, jusqu'à ce qu'enfin éclata la seconde éruption, bien confluente, bien intense, mais qui parcourut ses diverses stades régulièrement ; la desquammation générale de l'épiderme précéda le retour complet à la santé. Qu'on me permette cette digression, un peu longue peut-être : je reviens au sujet principal. M. Duparc-Duchesne a réussi à faire disparaître certains *favus* au moyen de cautérisations faites avec la pommade ammoniacale suivante :

Ammoniaque et graisse de mouton, parties égales, ou le liniment ci-contre : ammoniaque et huile d'olive, quantités égales. Une heure de contact avec les parties malades suffit pour produire une escharre. Chez les jeunes sujets, on diminue les proportions d'ammoniaque. M. Duparc fait une remarque du plus haut intérêt et d'une vérité pratique : *c'est qu'il suffit d'un atome morbide oublié* pour servir de base à de nouvelles incrustations.

Dans le pythiriasis, le psoriasis (*lepra vulgaris*), l'icthyose, on a souvent modifié très-avantageusement la vitalité des parties malades par de légères cautérisations avec le nitrate d'argent, par la solution caustique iodurée de Lugol, par l'acide chlorhydrique plus ou moins concentré.

Dans l'eczema, lorsqu'il s'agit de plaques circonscrites plus ou moins chroniques, M. Duchesne assure qu'on se trouve bien aussi de la cautérisation. Dans l'*impetigo*, il cautérise les plaques isolées passées à l'état chronique.

Dans l'acné il touche l'orifice dilaté du follicule malade avec la pointe d'un pinceau à miniature imbibé dans suffisante quantité d'une solution concentrée d'azotate d'argent, et cela pendant quinze à vingt secondes. Si la douleur n'est pas considérable, on prolonge jusqu'à un quart d'heure l'application du caustique, qu'on fera suivre, après ce laps de temps, de topiques émolliens. Ce procédé de cautérisation, pour être efficace, demande à être continué long-temps et sans interruption. En agissant ainsi, on a triomphé de couperoses et de mentagres chroniques très-anciennes, après avoir échoué par tout autre moyen.

Voici les conclusions du travail remarquable de M. Duchesne :

« Dans toute cautérisation on doit tenir compte 1° du » siége pathognomonique de la dermatose ; les régions où la peau » est fine, abondamment pourvue de vaisseaux sanguins et de » filets nerveux demandent à être traitées avec ménagement ; » pour elles doivent être réservés les caustiques les plus doux, » ceux qui fournissent les escharres les plus minces et provoquent » les réactions les moins violentes. L'azotate d'argent procure

» une grande partie de ces avantages, et le visage est peut-être, » de toutes les régions cutanées, celle qui le réclame le plus.

» 2° On ne doit traiter par la cautérisaion, avec la pensée » de les guérir par cet unique procédé, que les affections cuta- » nées (aiguës ou chroniques) dépourvues de tout caractère dépu- » rateur, qui ne sont liées à aucun état diathétique, et qu'on » doit, par conséquent, envisager comme autant de foyers mor- » bides isolés ou accidentels.

» 3° La cautérisation, lors même qu'il ne serait pas démontré » qu'elle suffit à la guérison d'un assez grand nombre de derma- » toses, n'en devrait pas moins être confirmée dans la thérapeu- » tique des maladies de la peau, en raison des services journa- » liers qu'elle rend au praticien, lorsqu'il s'agit, soit d'activer » une inflammation languissante ou de raviver des tissus mous » et sans réaction, soit de réprimer des exubérances, soit enfin » de rappeler à l'état normal une innervation en désordre.

» 4° Chaque caustique exerçant sur nos tissus sains ou altérés » une action qui diffère par son intensité, son mode d'influence » et la réaction qu'il entraîne, il importe de ne pas les confon- » dre dans une commune proscription.

» 5° Le mode de cautérisation doit varier nécessairement en » raison du but qu'on se propose. S'il s'agit de l'employer » comme adjuvant d'une médication, son application sera le » plus souvent superficielle et bornée à quelques points du tissu » malade ; si, au contraire, ce procédé constitue tout le traite- » ment, l'action du caustique devra s'étendre à toute la partie » affectée, et souvent même en dépasser un peu les limites. »

Je ne dis rien du *lupus*, me réservant d'en parler dans une autre circonstance.

## CHAPITRE VI.

### DES CAUSTIQUES DANS LES AFFECTIONS DU SYSTÈME MUQUEUX.

Si, comme l'a avancé l'illustre Bichat, le système muqueux, lui seul, doit, dans une nosographie où les maladies sont distribuées par systèmes, occuper une place égale à celle de plusieurs de ces mêmes systèmes, il est regrettable qu'aucun médecin n'ait fait, pour la médication caustique du système muqueux, un ouvrage *ex professo*, comme l'a fait M Duparc-Duchêne dans les affections du système dermoïde.

Ce travail serait considérable, et mon insuffisance et les bornes que je me suis prescrites pour ne pas allonger ce mémoire, ne me permettent pas de m'étendre beaucoup dans ce chapitre.

« Continuellement en rapport avec les objets extérieurs, sou-
» mises à des influences très-variées, douées d'une grande acti-
» vité vitale en raison du nombre considérable de vaisseaux
» sanguins et de nerfs qui les parcourent, théâtre de la plupart
» des principaux phénomènes de la vie, tels que ceux de la di-
» gestion, de la respiration, le rôle physiologique des membranes
» muqueuses devait être et est en effet des plus importans
» dans l'économie. Les phlegmasies, les hémorrhagies, les né-
» vroses de ce système forment bien certainement les cinq sixiè-
» mes des maladies qui affligent l'espèce humaine.» (*Nouveaux élémens de pathologie médico-chirurgicale*, de Roche et Samson.)

Les membranes muqueuses sont déployées sur la surface intérieure de tous les organes creux qui communiquent à l'extérieur par les diverses ouvertures du corps. L'ensemble de ces muqueuses a été divisé par Bichat en deux surfaces générales, l'une gastro-pulmonaire, l'autre génito-urinaire ; à cette dernière se rattache la muqueuse du mamelon et des conduits galactophores.

M. le docteur Morand, de Tours, a publié, en 1844, un mémoire sur la cautérisation de la pituitaire dans les ophtalmies scrofuleuses. Il résulte de l'observation de ce médecin que, dans l'ophtalmie scrofuleuse, la membrane olfactive participe à l'inflammation aussi bien que la conjonctive ; que c'est surtout sur les cornets et dans les anfractuosités des fosses nasales que réside la phlogose qui se révèle sous forme d'engorgement œdémateux, la même absolument que l'on observe aux paupières dans l'ophtalmie strummeuse. Il suffit d'y faire attention, dit M. Morand, pour reconnaître que la rougeur et la tuméfaction de la pituitaire précèdent ou accompagnent, presque toujours, celle de l'œil dans cette même maladie ; ce qui peut être positivement démontré au moyen du *speculum nasi*. En examinant l'intérieur des fosses nasales, on constate que la rougeur et le gonflement des narines, et même de la partie la plus rapprochée de la lèvre, n'est que l'indice de la phlogose de cette membrane. Sur une dizaine de jeunes détenus, l'ophtalmie scrofuleuse sévissait avec une grande intensité, et M. Morand observa, pour la première fois, la coïncidence qui existe entre l'engorgement de la pituitaire et l'ophtalmie lymphatique. Les uns avaient une rougeur diffuse de la conjonctive ; les paupières étaient tuméfiées ; ils y ressentaient une douleur cuisante ; il y avait photophobie, *blépharo-spasme*, larmoiement, sécrétion abondante des glandes de Méïbomius, etc., et par suite agglutination des paupières. D'autres avaient des ulcérations plus ou moins étendues de la cornée et aux bords des paupières ; enfin, chez tous il y avait phlogose et tumeur prononcée de la muqueuse nasale, et souvent de la partie la plus élevée de la lèvre supérieure. Le traitement habituel, banal, n'améliora pas beaucoup l'état des choses, et, si on obtenait l'apparence du succès, les récidives fréquentes démontraient l'insuffisance de ce mode d'agir, et après trois mois, chez tous, le mal n'avait rien perdu de son intensité. Alors l'attention de M. Morand se porta vivement sur l'affection des fosses nasales. Il s'aperçut que chaque fois qu'il y avait recrudescence, elle était précédée d'une vive irritation de la muqueuse correspondante à l'œil affecté ; qu'avec la rougeur et l'intumescence de cette membrane il y avait écoulement d'un liquide visqueux, irritant, plus ou moins abondant, suivant la violence du mal ; cet état durait trois, quatre, cinq jours et plus ; ensuite la transmission s'effectuait à l'œil par les voies lacrymales, et l'ophtalmie paraissait ; d'autres fois l'apparition était simultanée. Dans tous les cas la coïncidence ne tardait pas à se montrer avec toute son évidence. Une pareille observation plusieurs fois renouvelée, M. Morand envisagea la maladie sous un autre point de vue : il considéra l'inflammation de la pituitaire comme la cause déterminante de la phlogose de la conjonctive, et pensa, dès lors, que s'il y avait un moyen de prévenir ou d'arrêter cette inflammation consécutive, c'était en portant le traitement topique particulièrement dans les fosses nasales. Il lui restait à choisir un agent thérapeutique. Le nitrate d'argent, ce modificateur puissant de certaines inflammations spéciales, eut la préférence.

Un premier malade fut soumis à l'action médicatrice de ce cathérétique disposé en crayon, dont on badigeonna les fosses nasales. Les cautérisations furent continuées une semaine, une fois par jour ; non seulement elles arrêtèrent les progrès du mal, mais encore elles firent disparaître les inflammations de la conjonctive, nulle autre médication n'étant combinée avec *ce mode substitutif* et *homœopathique*. Une foule de remèdes avaient été vainement tentés auparavant. Ce succès encouragea M. Morand, et il appliqua cette médication à plusieurs autres jeunes détenus. Ils obtinrent d'abord un mieux notable, puis la guérison. Chez deux entre autres le gonflement de la muqueuse nasale était considérable ; le nez avait acquis le double de son volume ordinaire ; les paupières étaient très-tuméfiées ; il y avait impossibilité de les ouvrir et conséquemment d'y voir ; un liquide visqueux, irritant, coulait sur les joues et y avait produit une rougeur érythémateuse.

Cependant des cautérisations, pratiquées une fois par jour pendant la première semaine, et une fois tous les deux jours pendant la seconde semaine, amenèrent également la guérison. Néanmoins il y eut des récidives chez plusieurs de ces sujets ; mais, sitôt qu'elles ont paru, elles ont été dissipées par l'action du caustique. Toutefois, chez ceux qui avaient des ulcérations à la cornée et aux bords des paupières, il y a eu obligation d'employer le traitement propre à ces ulcérations, et les effets en ont été alors bien plus prompts.

Voici les procédés employés par M. Morand pour cautériser la pituitaire. Un crayon de nitrate d'argent est enchâssé dans un tuyau de plume, ou tout autre cylindre, et y est fixé par un peu de cire à cacheter ; l'extrémité du crayon doit sortir du tuyau de trois à quatre lignes environ. On l'introduit dans la fosse nasale jusqu'à l'engorgement de la pituitaire et même au delà, s'il est possible. On doit l'appuyer sur les surfaces gonflées, en le portant d'un endroit sur l'autre, pendant trois ou quatre secondes seulement. Il faut éviter de toucher la muqueuse qui recouvre les cartilages des ailes du nez. On répétera la cautérisation une ou deux fois par jour pendant la première semaine, et tous les deux ou trois jours pendant la suivante, puis on cessera la cautérisation au bout de quinze jours ; mais toutes les fois qu'il y aura des récidives on renouvellera ces cautérisations et on les continuera jusqu'à ce que l'ophtalmie soit éteinte. Quand il existe des ulcérations à la cornée et aux glandes de Méibomius, il faut se hâter de les traiter localement par la pommade au nitrate d'argent. M. Morand a trouvé que la meilleure manière d'employer cette pommade était de la déposer sur la muqueuse de la paupière inférieure, au moyen d'un petit pinceau ou d'un cylindre de papier ramolli au bout et bien chargé de cette pommade un peu liquéfiée, c'est-à-dire, un peu moins épaisse qu'elle ne l'est ordinairement. Voici la formule.

Nitrate d'argent, cristallisé......... 0,05 centigrammes.
(Cette dose peut être portée jusqu'à 20 centigrammes et plus.)
Huile d'amandes douces............... 2 grammes.
Axonge.................................... 2 grammes.
Mêlez.

L'auteur emploie aussi cette pommade contre l'engorgement de la pituitaire, mais à dose de sel d'argent double ou triple, et le succès a répondu à son attente, en ayant soin de n'en faire usage qu'après les cautérisations *à sec*. Il fait pénétrer dans un tuyau de plume, ouvert à ses deux extrémités, de la pommade de consistance ordinaire jusqu'à la moitié de sa longueur ; il introduit ce tuyau dans la fosse nasale aussi profondément que possible, puis il glisse dans son extrémité externe un cylindre de bois de calibre, qu'il pousse jusqu'au bout du tuyau : la pommade va alors se déposer sur les parties malades. On fait exécuter au malade des aspirations, des reniflemens, afin de faire pénétrer plus avant la pommade. Le traitement interne est celui qu'on prescrit d'ordinaire dans les affections scrofuleuses. A M. Morand appartient d'avoir signalé comme foyer, comme point de départ, les membranes muqueuses des fosses nasales et les voies lacrymales primitivement phlogosées, membranes qui, par continuité de tissu, transmettent à la conjonctive l'inflammation spéciale que nous venons de signaler. Il est vrai de dire néanmoins que Weller, Demours et quelques autres médecins avaient parlé de la rhinite comme une complication fâcheuse de l'ophtalmie scrofuleuse, mais sans en tirer aucune induction pratique.

D'après ce que je viens de dire sur le travail de M. Morand, on conçoit qu'il était tout naturel d'employer la médication cathérétique ci-dessus signalée à la fistule lacrymale et au coriza ordinaire. M. Cazenave, de Bordeaux, a, le premier, préconisé la cautérisation de la pituitaire dans l'ozène, et il en a retiré de beaux succès ; il a fait, à ce sujet, un mémoire très-remarquable sur le coriza chronique et l'ozène non vénérien. M. Trousseau, dans cette même maladie, fait priser le mélange suivant : Calomel, 1,25 centigrammes; oxide rouge de mercure, 60 centigrammes; sucre candi en poudre, 16 grammes. Il fait renifler aussi au malade une solution de sublimé corrosif un peu plus forte que la liqueur de Van-Swieten. M. Jobert, à l'hôpital Saint-Louis, a employé avec succès, dans la fistule lacrymale, les injections au nitrate d'argent par les points lacrymaux. M. Teissier a publié, dans le *Bulletin de Thérapeutique* du mois d'août 1845, un long mémoire très-intéressant sur le traitement abortif du coriza par la cautérisation de la muqueuse nasale la plus voisine de l'orifice externe des fosses nasales, à l'aide du crayon ou de la solution d'azotate d'argent. Son procédé est le même que celui de M. Morand. M. Teissier donne plusieurs observations détaillées, qui ont pour but de prouver qu'on arrête infailliblement le coriza à son début par ce mode thérapeutique ; on voit aussi que la méthode substitutive tend de plus en plus à occuper une large place dans la matière médicale. L'irritation ou l'inflammation de la pituitaire chez les individus lymphatiques peut amener l'engorgement des amygdales et par suite l'inflammation de la trompe gutturo-tympanique, d'où embarras dans la parole, la respiration et la déglutition, d'où la surdité plus ou moins intense, selon que la trompe d'Eustache se trouve peu ou beaucoup obstruée. Eh bien! dans l'un et l'autre cas on recourt victorieusement à la cautérisation au moyen du crayon du nitrate d'argent qu'on promène sur les tonsilles, lesquelles diminuent de volume, et par *consensus* la muqueuse gutturo-tympanique, si elle se trouve boursoufflée, diminue aussi d'épaisseur, d'où augmentation de calibre de ce conduit, qui permet alors à l'air de pénétrer dans l'oreille interne, de s'y renouveler, ce qui rend à l'ouïe sa finesse primitive. Je pourrais citer à l'appui plusieurs observations, mais je m'en abstiens pour ne pas dépasser les limites que je me suis tracées.

Quelle est l'action qu'exerce sur la conjonctive la cautérisation pratiquée avec le nitrate d'argent ? Je me servirai, pour répondre à cette question, des conclusions d'un rapport fait par M. Velpeau, sur une série d'expériences tentées par M. Delasiauve. L'emploi de la solution de ce sel d'argent à trop hautes doses peut déterminer des accidens assez sérieux pour qu'on doive en surveiller l'emploi dans les cas d'opthalmie. M. Velpeau, qui, de son côté, s'est beaucoup occupé de cette question, résume ainsi son opinion personnelle au sujet des recherches de M. Delasiauve :

1° Le nitrate d'argent est le meilleur topique que l'on puisse employer dans un grand nombre de maladies aiguës ou chroniques de l'œil ;

2° Dans les blépharites de nature diverse, c'est sous forme de pommade que le nitrate d'argent doit être employé ;

3° Dans les inflammations des paupières, c'est sous forme solide qu'on en retire de plus grands avantages ;

4° Pour les conjonctives, au contraire, c'est sous forme de collyre que l'emploi est préférable ;

5° Pour les conjonctives légères, une solution de 5 à 15 centigrammes de nitrate d'argent dans 30 grammes d'eau suffit en général ;

6° Dans les conjonctives purulentes, la dose peut être élevée de 1 à 2 grammes pour 30 grammes d'eau ;

7° L'emploi du crayon de nitrate d'argent peut aussi donner des résultats ; mais ce moyen est dangereux ;

8° Il est toujours avantageux, dans les ophtalmies, de diminuer ou d'augmenter alternativement les doses de nitrate d'argent.

A l'hôpital des enfans, où l'on a si souvent occasion de visiter des ophtalmies purulentes des nouveau-nés, on se sert avec avantage d'une solution contenant les énormes proportions de 8 à 16 grammes d'azotate d'argent pour 30 grammes d'eau distillée ; cette pratique hardie est empruntée aux Anglais. Le docteur Wood prescrit un collyre où entrent 2 gros de nitrate d'argent sur une once d'eau de roses.

M. Velpeau recommande les vésicatoires, *appliqués sur l'œil*, dans les ophtalmies, même à l'état aigu. C'est à M. le docteur Physick, de Philadelphie, qu'il a emprunté cette idée originale. (Voyez le *Bulletin de Thérapeutique*, juillet 1834.)

La cautérisation de la conjonctive oculaire par la pierre infernale, dans le cas de strabisme, pratiqué en sens opposé à la déviation du bulbe, a été préconisée par Dieffenbach et répétée en France avec succès.

Dans la stomatite gangréneuse, on se trouve bien des cautérisations, sur les parties affectées, avec le chlorure de chaux réduit en poudre bien fine. M. C. Taupin, dans un mémoire intitulé :

*De la stomatite gangréneuse, de ses causes, et de son traitement par le chlorure de chaux sec,* dit de ce médicament : « Je ne l'ai jamais vu produire d'accidens. Quand, par hasard, des enfans indociles en avalent un peu, le vomissement a lieu immédiatement, et prévient les symptômes gastriques qu'il pourrait produire, pris, à l'intérieur, à hautes doses. On a soin d'avoir du chlorure de chaux bien sec, réduit en poudre très-fine. » M. Bouneau est le premier qui a eu l'heureuse idée de s'en servir pour enrayer les stomatites gangréneuses et certaines angines qui accompagnent la rougeole, la variole, la scarlatine. Le chlorure de chaux agit comme caustique et désinfectant : on voit quelquefois par ce moyen, en huit ou dix jours, et souvent en moins, disparaître, sous son influence, des stomatites gangréneuses qui duraient depuis long-temps, après avoir résisté à tous autres moyens rationnels. Pour s'en servir, on humecte légèrement son doigt, on le plonge dans la poudre de chlorure, et on en frictionne assez rudement les escharres. M. le professeur Trousseau, dans le muguet ou stomatite *crêmeuse pultacée*, conseille un topique avec *le miel et le borate de soude, parties égales,* ou la solution suivante:

| | |
|---|---|
| Nitrate d'argent. . . . | 1 gramme. |
| Eau distillée. . . . . . . | 5 grammes. |

dont on fait, avec un petit pinceau trempé dans ce liquide, des cautérisations *loco dolenti.*

M. J. Coudray, de la Vaucluse (D.-M. à Mazan), préconise, comme moyen abortif du muguet, la cautérisation avec l'acide chlorhydrique pur. (*Bulletin de Thérapeutique*, décembre 1845.)

Dans certaines inflammations spéciales du pharynx, du larynx et même de la trachée, la cautérisation à l'aide d'un pinceau trempé dans une solution concentrée de nitrate d'argent a été préconisée; je l'ai employée plusieurs fois dans le croup, mais jamais sans aucun succès. Dans l'aphonie (1), l'enrouement

(1) M. Trousseau a publié un petit mémoire, imprimé dans le *Journal des Connaissances médico-chirurgicales* du mois de février de l'année 1835, intitulé : *De la cautérisation du larynx dans certains cas d'aphonie chronique.* Cette méthode de traitement réussit dans les cas où il n'y a pas d'ulcération du larynx, dans ceux qui arrivent soudainement, à la suite d'une grande perturbation nerveuse, ou bien au début d'un catarrhe aigu, lors de la suppression des règles, pendant une maladie des organes génitaux. M. Trousseau cautérise le pharynx et la partie supérieure du larynx. Cette cautérisation se fait avec une solution de

chronique, l'angine scarlatineuse, la phthisie laryngée, on se trouve bien de l'insufflation irritante de poudre d'alun dans le gosier, en même temps qu'on fait respirer plusieurs fois par jour les vapeurs ammoniacales caustiques qui se dégagent d'un flacon qu'on tient à l'entrée de la bouche. On peut aussi y insuffler un mélange de neuf parties de sucre et une de nitrate d'argent.

La gastrite (1), l'entérite, soit la duodénite, soit l'inflammation de l'intestin grêle, soit celle du colon, connue plus particulièrement sous la dénomination de dysenterie, ont été traitées, à l'état aigu ou chronique, par la méthode substitutive ou plutôt par les caustiques. « Jamais l'axiôme, les extrêmes se touchent, n'a eu une application plus frappante. » A la méthode antiphlogistique de Broussais succède la méthode incendiaire de la cautérisation ! Qui l'aurait pu croire il y a vingt-cinq ans !

« Depuis long-temps, dit M. Boudin, j'avais été frappé de l'efficacité avec laquelle le nitrate d'argent seconde les diverses » médications anti-phlogistiques, et de la rapidité avec laquelle » le nitrate dissipe souvent, à lui seul, un grand nombre de lé- » sions rebelles à tous les autres moyens thérapeutiques. Une » longue série d'expériences m'avait permis d'apprécier les » propriétés héroïques, et généralement si méconnues, du nitrate » d'argent ; et pourtant, en dépit de résultats qui tenaient sou- » vent du merveilleux, malgré même l'absence la plus complète » de tout accident que l'on pût rationnellement attribuer à » son emploi, j'avais peine à me défendre d'une certaine timi- » dité dans la pratique d'une médication dont le nom seul, *cau- » térisation*, est aussi effrayant qu'il est impropre ; médication » que je m'obstinais encore à ne croire applicable qu'à un fort » petit nombre de lésions. Je dois avouer aussi que mon opinion, » bien qu'appuyée sur des faits aussi nombreux qu'incontesta-

nitrate d'argent dans l'eau distillée ; on imbibe un morceau d'éponge de cette solution, et, à l'aide d'une baleine recourbée, à l'extrémité supérieure de laquelle l'éponge est attachée, on badigeonne le pharynx et la partie supérieure du larynx.

(1) Le docteur Fischer, de Tambach, donne avec efficacité le nitrate d'argent fondu dans les gastralgies provenant d'affections purement dynamiques des nerfs de l'estomac, surtout chez les femmes. Il donne ce sel à la dose de 4 à 5 milligrammes, soit en pilules, soit en potion. (*Hufeland's Journal*, 1841.)

» bles, ne laissait pas d'être influencée, tant par les objections » toujours théoriques, il est vrai, de quelques collègues d'un » talent et d'un savoir reconnus, que par les erreurs accréditées, » dans divers traités de matière médicale, sur l'emploi du nitrate » d'argent. Quoi qu'il en soit, mes résultats cliniques faisaient, » chaque jour, justice des exagérations des uns et des objections » des autres, lorsqu'au mois de septembre 1835 une épidémie de » fièvre typhoïde (entérite folliculeuse) vint à éclater à Marseille. » Chargé, à cette époque, du service des militaires fiévreux de » l'hôpital, je ne tardai pas à me convaincre du peu d'efficacité, » pour ne pas dire de l'inutilité, des diverses méthodes de traite- » mens préconisées contre cette terrible maladie, qui atteignait » la garnison dans une cruelle proportion, et dont rien ne par- » venait à enrayer l'irrésistible marche.

» L'expérience m'avait, depuis long-temps, démontré et l'éner- » gie et la promptitude d'action du nitrate d'argent, dans les in- » flammations les plus rebelles de la muqueuse bucco-nasale, » laryngique, ophtalmique, acoustique et uréthro-vaginale ; l'a- » nalogie me fit présumer que ce médicament ne serait pas sans » efficacité contre la phlogose de la muqueuse gastro-intestinale. » Procédant avec la plus grande circonspection, je ne voulus d'a- » bord employer le nitrate d'argent que sur des typhoïques dont » la maladie avait résisté aux moyens ordinaires, et dont l'état » désespéré semblait à peine laisser la moindre chance de guéri- » son, c'est-à-dire que mes premières tentatives se firent dans » un but purement palliatif ; puis je l'employai chez tous indis- » tinctement. Sur plus de cinquante typhoïques soumis à cette » médication, deux seulement succombèrent. Leur examen né- » croscopique démontra deux faits de la plus haute importan- » ce pratique : 1° non seulement il n'existait aucune trace d'irri- » tation médicamenteuse surajoutée à l'inflammation morbide, » mais encore plusieurs altérations de l'intestin étaient manifes- » tement en voie de cicatrisation ; 2° le nitrate d'argent, bien » qu'administré exclusivement par l'anus, avait porté son action » au delà de la valvule iléo-cœcale, et communiqué à la mu- » queuse de la portion inférieure de l'intestin grêle la couleur » grisâtre que l'on remarquait sur toute l'étendue de la muqueuse » colo-rectale. Ces faits sont d'autant plus importans, qu'ils éta- » blissent d'une manière incontestable et l'innocuité du nitrate

» d'argent, et son action sur des parties qui, par leur éloignement » des orifices buccal et anal, semblent, au premier aspect, s'y » soustraire. Aujourd'hui, mes essais sur plus de trois cents in» dividus m'ont convaincu des propriétés héroïques et éminem» ment anti-phlogistiques du nitrate d'argent dans les phlegma» sies des membranes muqueuses.... Je ne saurais trop appeler » l'attention des praticiens sur l'action du nitrate d'argent, qui » paraît destiné *à jouer sous peu un des rôles les plus importans* » *dans le traitement des phlègmasies.* »

M. Boudin ne reconnaît pas au sel d'argent une *spécificité* contre la fièvre typhoïde, et il n'a jamais eu d'autre but que celui d'opposer à la phlogose simple ou ulcérée de l'intestin un médicament employé chaque jour par lui, et avec succès complet, contre des lésions tout-à-fait identiques des membranes muqueuses. D'après cette manière d'envisager l'action de l'azotate d'argent, M. Boudin a fait prendre ce sel tantôt en lavemens à la dose de 5 à 40 centigrammes en une ou plusieurs prises, lorsque la diarrhée constituait le symptôme dominant, tantôt par la bouche et sous forme pilulaire, à la dose de 2 à 20 centigrammes, quand les principaux symptômes semblaient se rapporter à l'inflammation de l'estomac et de la partie supérieure de l'intestin ; enfin il a combiné ces deux modes d'administration quand la muqueuse gastro-intestinale lui paraissait phlogosée dans toute son étendue. Jamais il n'a dépassé la dose totale de 50 centigrammes ; cependant quelques sujets ont pris jusqu'à 4 grammes de ce sel dans le cours de leur maladie. Jamais M. Boudin n'a eu lieu d'adresser à cette médication le reproche de communiquer au malade *la coloration livide*, bien qu'il ait opéré sur plusieurs centaines d'individus; enfin il ajoute, avec M. le professeur Serre, de Montpellier, que c'est l'innocuité du médicament, plus encore que son efficacité, qui séduit.

Une erreur généralement accréditée en matière médicale, et qui n'a pu prendre sa source que dans l'observation trop superficielle des faits cliniques, consiste à n'attribuer au nitrate d'argent qu'une action toute locale, action qui ne peut jamais s'étendre au delà de la surface du corps avec laquelle elle est mise en contact : c'est ce qui fait qu'on n'avait pas songé à l'employer encore dans la gastro-entérite folliculeuse. En effet, dit M. Boudin, l'analogie n'indiquait-elle pas que le nitrate d'argent, employé chaque jour avec tant de succès contre les ulcérations de la bouche, du nez, de l'œil, du vagin, etc., devait également avoir de bons effets dans une maladie dont la phlogose et l'ulcération de l'intestin iléon constituent la lésion anatomique la plus constante. Pour prouver que le nitrate d'argent n'agit pas seulement d'une manière locale, il a établi : 1° que lorsqu'on pratique la cautérisation de l'urèthre, il n'est pas rare de voir le méat urinaire blanchir, bien que la pierre infernale ait été appliquée sur un point assez éloigné de cet orifice ; 2° que plusieurs typhoïques, prenant du nitrate d'argent à l'intérieur en pilules, ont présenté une coloration noire, passagère, de toute l'étendue des lèvres ; 3° qu'en injectant une solution de nitrate d'argent dans la vessie d'un malade atteint de cystite chronique, il a vu l'ouverture du gland noircir dès que le liquide pénétrait dans la poche urinaire, et pourtant l'urèthre était garanti de tout contact direct avec le médicament par une sonde d'argent préalablement introduite jusque dans la vessie, et servant de conducteur au liquide ; 4° sur un militaire atteint d'uréthrite, une injection avec une solution de nitrate d'argent produisit instantanément la coloration du gland en noir, sans cependant qu'une goutte de liquide eût été répandue sur cette partie ; 5° que M. le professeur Serre, de Montpellier, dit avoir observé un malade atteint de plaie fistuleuse de l'urèthre, chez qui, toutes les fois que M. Delpech appliquait la pierre infernale à l'orifice du gland, les bords de la plaie qui avait été faite au canal, quoique situés à deux pouces en arrière, *blanchissaient* et étaient même cautérisés assez fortement, d'où M. Boudin conclut que l'action du nitrate d'argent, loin d'être, comme on l'a cru jusqu'ici, limitée au point de l'application primitive, s'exerce au contraire de proche en proche sur une surface plus ou moins étendue, et qu'elle peut ainsi, dans le cas de l'administration de ce sel par la bouche ou par l'anus, se propager jusqu'à certaines parties qui, en raison de leur éloignement de ces deux orifices, sembleraient au premier aspect se soustraire aux effets du médicament.

Le docteur Boudin, de Marseille, a donné plusieurs formules pour l'administration de l'azotate d'argent.

*Pilules.*

| | |
|---|---|
| Azotate d'argent cristallisé. . . | 0,20 centigrammes. |
| Eau distillée. . . . . . . . . | quelques gouttes. |

Faites dissoudre, et ajoutez amidon pulvérisé Q. S. pour une masse parfaitement homogène qui devra être divisée en douze pilules bien égales. Chacune de ces pilules contient à peu près 0,016 milligrammes de sel argentique. On doit toujours les préparer en petite quantité à la fois, parce que, peu de temps après leur confection, l'azotate est décomposé. Dans l'épilepsie, la gastrite chronique et la gastralgie, on en donne de trois à neuf par jour, en augmentant graduellement et avec circonspection, suivant les effets produits.

*Pommade.*

| | |
|---|---|
| Azotate d'argent cristallisé. . . | 0,10 centigrammes. |
| Axonge purifiée. . . . . . | 4 grammes. |

M. E. F. S. A. une pommade parfaitement homogène. On s'en sert avantageusement dans les conjonctivites ulcératives et contre la leucorrhée, au moyen d'un bourdonnet de charpie enduit d'une légère couche de cette pommade.

*Injection intestinale.*

| | |
|---|---|
| Azotate d'argent. . . . | 0,05 à 0,15 centigrammes. |
| Eau distillée. . . . . . | 150 grammes. |

M. Boudin emploie ces injections contre la diarrhée ancienne, accompagnée de peu de sensiblité du gros intestin.

Ce pratieien a démontré, dans deux numéros de la *Gazette de Marseille*, dont j'ai déjà parlé, que la solution argentique agit sans doute par imbibition, toujours au delà de la surface d'application. Les faits qu'il a cités sont péremptoires. Il en résulte que l'on peut, avec l'injection intestinale, agir même au delà de la valvule iléocœcale, et modifier ainsi les ulcérations de la partie inférieure de l'intestin grêle, qui, soit dans la phthisie pulmonaire, soit dans la fièvre typhoïde, complique souvent la diarrhée atonique, qu'il s'agit de faire cesser.

M. Trousseau, chez les enfans qui ont des diarrhées rebelles, a recours aux lavemens ou aux potions dans lesquels entrent l'azotate d'argent, à la dose de 0,05 centigrammes pour 100 grammes d'eau distillée. Pour lui, la diarrhée n'est jamais utile, même quand elle est légère ; quand elle est plus forte et qu'elle dure depuis long-temps, elle devient dangereuse ; elle est mortelle en très-peu de temps, quand elle est violente. Aussi doit-on s'évertuer à en arrêter la marche le plus tôt qu'on le peut..

*Injection vésicale (de M. Boudin).*

Azotate d'argent...... 0,05 à 0,15 centigrammes.
Eau distillée......... 150 grammes.

Cette solution, dont on peut accroître la force par degrés, est employée dans le traitement du catarrhe chronique de la vessie, et n'offre pas l'inconvénient du *barbouillement* avec le crayon, manœuvre qui a provoqué si souvent des cystites mortelles. La sensibilité une fois éprouvée par une première injection, on doit se comporter, pour les injections subséquentes, d'après les résultats obtenus.

*Injection auriculaire.*

Azotate d'argent. . . . 0,05 centigrammes.
Eau distillée. . . . . 200 grammes.

M. Boudin injecte ce soluté par la trompe d'Eustache. Il a recours à ce moyen dans les cas de surdité due à l'ulcération de ce conduit.

Dans les injections vésicales, la dose d'azotate d'argent a été portée plus haut que ne l'a fait M. Boudin. J'ai, vu dans un journal de la Société de médecine pratique de Montpellier, un article intitulé : « De l'utilité des injections avec le nitrate d'argent dans un cas de catarrhe de la vessie et de pertes séminales », où il est mentionné que, sur 125 grammes d'eau distillée, on met 1,70 centigrammes de sel d'argent, ce qui fait 40 centigrammes par 32 grammes. En dernier lieu, on poussa la dose, avec plein succès, jusqu'à 0,85 centigrammes par 32 grammes d'eau dsitillée. (Voir le *Journal des Connaissances médico-chirurgicales*, mai 1842.)

Dans la blennorrhagie, M. Deberney a préconisé, comme abortif, la solution de nitrate d'argent à hautes doses. Plusieurs praticiens y ont eu recours avec succès. M. Serre a répété toutes les expériences de M. Deberney, et il reconnaît avec lui que les injections par l'azotate d'argent, telles que le conseille M. Deberney, loin de produire les accidens graves qu'on leur reproche, ne produisent pas même des douleurs aussi vives ni aussi durables que celles auxquelles on devait naturellement s'attendre. Si, par exception, dans les blennorrhagies, les accidens inflammatoires ont nécessité l'emploi des anti-phlogistiques, et, par suite, la cessation des injections, le plus souvent, et surtout dans les écoulemens anciens et chroniques, la médication a été bien supportée.

M. Serre ne partage pas l'opinion de M. Deberney, qui pense que la solution du sel d'argent agit à titre de caustique. Les escharres de la muqueuse uréthrale, qui se détachent peu après l'injection et qui sortent sous forme de pellicules blanches, en sont la preuve, dit M. Deberney. Pour M. Serre, ces prétendues escharres blanches ne sont autre chose que du mucoso-pus, coagulé par l'action chimique du sel caustique ; c'est à peine s'il sort de temps en temps, avec le mucoso-pus, quelques débris d'épithélium, lequel subit seulement une modification dans sa vitalité. S'il en était autrement, il faudrait renoncer aux injections au sel d'argent. On ne pourrait jamais les répéter sept à huit fois, coup sur coup, impunément.

M. Ricord, dans la blennorrhagie, ne conseille que 5 centigrammes de sel d'argent par 120 grammes d'eau distillée. Chez les femmes, il porte la dose de 1 à 2 grammes par 500 grammes d'eau distillée.

Dans la balanite simple, accompagnée de phimosis, ce même médecin ordonne 1 gramme d'azotate d'argent par 250 grammes d'eau. On pratique avec ce liquide des injections entre le gland et le prépuce, injections qui doivent être réitérées plusieurs fois par jour.

Les rétrécissemens uréthraux et les pertes séminales involontaires ont été, comme tout le monde le sait, traités avec succès par la cautérisation et la dilatation employées simultanément. C'est à Ducamp et à M. le professeur Lallemand que sont dus les détails exacts et pratiques sur ces diverses affections et sur les divers modes de cautérisation des obstacles uréthraux, et c'est à eux que je renvoie les praticiens, mon but n'étant que d'être historien très-concis de l'emploi de la méthode substitutive dans les affections des muqueuses ; car un travail tel que le fournissent les matériaux nombreux sur ce genre de cautérisation, exigerait un gros volume. Je fais des vœux pour qu'un médecin haut placé, digne de cette tâche, veuille y consacrer ses recherches, qui seraient fort intéressantes et fort utiles à la pratique médicale, à *l'art de guérir* proprement dit.

Les trajets fistuleux étant revêtus de pseudo-membranes muqueuses sont souvent guéries par des cautérisations suffisantes et réitérées. Ce moyen, plus doux que l'opération sanglante, moins compromettant pour la vie du malade, quoique moins brillant pour le médecin, doit toujours, ce me semble, être tenté tout d'abord, quitte à recourir au bistouri, s'il y a insuccès par la cautérisation.

Dans un cas d'incontinence d'urine causée par une paralysie incomplète de la vessie, M. Lisfranc a employé avec succès les injections dans la vessie avec la teinture de cantharides. C'est à l'hôpital de la Pitié, sur un homme de quarante-cinq ans, que l'essai a été tenté. Une sonde de gomme élastique est introduite dans la vessie ; on met alors, à l'orifice de cette sonde, une goutte de teinture de cantharides, et l'on injecte ensuite très-lentement, et sans imprimer le moindre mouvement à la sonde, afin d'éviter la contraction de l'organe, un demi-verre d'eau tiède dans la vessie. En agissant ainsi, la première portion du liquide qui entraîne la goutte médicamenteuse apporte d'abord une excitation assez forte dans la vessie; mais l'arrivée successive du reste de l'eau diminue progressivement cette excitation et l'empêche d'arriver trop loin. En mélangeant la goutte avec la totalité de l'eau, l'excitation ne serait pas suffisante. A mesure que la vessie s'habitue au contact des cantharides, on augmente le nombre des injections et celui des gouttes. On peut aller ainsi jusqu'à trois injections de trois gouttes chacune. (Voyez le *Bulletin de Thérapeutique* des 15 et 30 septembre 1843.)

## CHAPITRE VII.

### DES CAUSTIQUES DANS LES AFFECTIONS DES MEMBRANES SÉREUSES ET SYNOVIALES.

Les membranes séreuses sont, comme on doit se le rappeler, sous-divisées en deux genres, dont le premier comprend les membranes des grandes cavités en général, comme le péritoine, la plèvre, l'arachnoïde, etc. ; et la seconde renferme les membranes ou capsules synoviales. Inutile de dire qu'elles sont formées d'un seul feuillet, et disposées en forme de sac sans ouverture, repliées pour le passage des vaisseaux et des nerfs, composées de deux parties distinctes, quoique continues, dont l'une embrasse la surface de la cavité qu'elles tapissent, et l'autre les organes de cette cavité ; elles ont une vitalité isolée de celle des organes qu'elles entourent, etc.

M. Boudin a dit en 1837, et je ne sais s'il a tenu parole : « Aujourd'hui que mes essais sur plus de trois cents individus » m'ont convaincu des propriétés héroïques et éminemment anti-phlogistiques du nitrate d'argent, dans les phlegmasies des » membranes muqueuses, je me propose de me livrer, sur les » animaux, à une série d'expériences, pour constater l'action de » ce sel sur les séreuses, action dont l'analogie promet d'entrevoir » les plus belles applications pratiques. A ce sujet je dois dire » que déjà, sur ma prière, MM. Cabannes et Pochou, internes de » l'hôpital de cette ville, ont injecté, dernièrement, une solution » aqueuse de nitrate d'argent dans la cavité péritonéale d'un chat, » qui, au grand désappointement des alarmistes, jouit aujourd'hui de la santé la plus rayonnante. »

M. Vidal de Cassis a osé tenter les caustiques seuls, pour l'opération de la taille hypogastrique, et, bien que le malade ait succombé, il présenta quelque chance de guérison, et la mort ne fut pas due à l'effet immédiat des caustiques. (*Gazette des Hôpitaux*, 27 mai 1843).

M. Robert, dans un cas d'abcès abdominal, à la suite d'une chute sur le ventre, a pu avec un plein succès, au moyen de la potasse caustique placée sur le lieu où existait la fluctuation, donner jour au pus qui était contenu dans la cavité péritonéale (même gazette, du 27 octobre 1842).

Le docteur G. Pagani, de Novare, a donné, dans les *Annales universelles de Médecine* du mois d'août 1841, journal d'Italie, page 296, un article reproduit dans le *Journal des Connaissances médico-chirurgicales*, 1842, page 84, ayant pour titre : *Histoire d'une tumeur abdominale guérie avec la teinture alcoolique d'iode en injections*, ce qui est, selon moi, un mode de cautérisation spécial. L'observation est curieuse et je crois devoir la reproduire. « Le » 14 mai 1841, dit le docteur G. Pagani, était reçu au grand » hôpital de Novare et placé au numéro 35 de la salle dont je » suis chargé, le nommé Occhesta (Giuseppe), cultivateur de Cérano. Il m'apportait, de la part de mon collègue et ami le docteur » J.-B. Forni, une lettre si intéressante que j'ai cru devoir la » transcrire ici. Un individu (disait la lettre) de trente-deux ans » environ, à fibre assez molle, mais travailleur assidu, tomba

» malade il y a dix-huit jours, et eut une fièvre rhumatique, ac-
» compagnée d'irritations siégeant spécialement aux voies urinai-
» res ; il éprouvait des besoins incessans d'uriner et de la cons-
» tipation. J'employai une méthode anti-phlogistique assez éner-
» gique, bien que la fièvre ne fût pas très-forte ; je le fis saigner
» six fois et lui fis appliquer deux fois les sangsues, secondant ce
» traitement par les purgatifs huileux, par l'émétique et par les
» boissons oléagineuses. J'en espérais de bons effets ; mais la
» constipation devint toujours plus obstinée, et n'a cessé que de-
» puis trois jours ; remplacée depuis ce temps par une sorte de
» dysenterie, la difficulté d'uriner a, par conséquent, toujours
» augmenté. La région de la vessie n'est presque pas douloureu-
» se ; cependant le bas-ventre, depuis quelques jours, a grossi
» rapidement à la région hypogastrique : je l'ai exploré par la
» voie de l'anus et par celle de l'urèthre. Dans l'anus, à peine au
» delà du sphincter, je rencontre un corps dur, lequel, en
» faisant saillie, oblige mon doigt à dévier vers la concavité du
» sacrum, c'est-à-dire à la partie opposée à celle d'où ce corps pa-
» raît s'avancer. J'introduis alors le cathéter ; mais il ne s'avan-
» ce aisément que jusqu'à la portion prostatique et s'y arrête in-
» surmontablement.

» En réfléchissant à ce cas pratique, j'ai fait un grand nombre
» de suppositions ; mais je dois avouer ingénuement que la réu-
» nion de ces phénomènes me laisse dans l'incertitude sur le
» diagnostic. (Là finit la lettre). Cet homme était presque sans
» fièvre lorsqu'il entra à l'hôpital ; la tumeur occupait toute la
» région hypogastrique, et, de plus, une portion de la partie in-
» férieure de la région ombilicale était dure, uniformément
» élastique, et nullement douloureuse à la pression ; au moyen
» de la percussion, je m'aperçus qu'elle contenait un liquide.
» Toutes les dix ou douze minutes au plus, non sans difficultés,
» le malade rendait quelques gouttes d'urine, qui ne me parut
» pourtant pas altérée. Ce ne fut pas sans raison qu'après avoir
» vérifié le rapport de mon collègue par la voie du rectum, j'in-
» troduisis dans la vessie, par l'urèthre, une sonde courbe d'argent,
» du diamètre de quatre lignes : j'y pénétrai avec une extrême
» facilité, mais je n'ai pu extraire qu'une once environ de ce li-
» quide. Alors, en poussant la sonde métallique vers la conca-
» vité du sacrum, et en introduisant en même temps un doigt

» dans l'anus, je m'aperçus que la tumeur n'était pas formée » par la vessie. Je me doutai qu'elle pouvait être contenue dans » les lames du péritoine. Afin de découvrir la nature du liquide, » je fis à la région hypogastrique une ponction explorative avec » une aiguille droite à cataracte. M'étant aperçu que le fluide » qui sortait de l'incision linéaire était semblable à celui que » fournissent les ganglions, quand on les ouvre avec le fer, » j'enfonçai un trocard dans la même direction que l'aiguille, » qui avait été retirée à deux doigts au dessus du pubis, à deux » pouces à peu près de la ligne blanche, du côté gauche; tra- » versant ainsi, outre les tégumens communs, le *fascia superficia-* » *lis*, le muscle droit avec la gaine qui l'enveloppe, et pénétrant de » là dans le kyste, par la voie de la canule enfoncée oblique- » ment de trois doigts, je retirai à grand'peine, en quatre mi- » nutes environ, un demi-verre d'un fluide inodore, assez dense, » sans saveur marquée. Ayant introduit un stylet par la canule, » je rencontrai une cavité très-ample, et j'arrivai à toucher avec » l'extrémité les parois qui étaient adossées à mon doigt intro- » duit dans le rectum. Je fus amené à considérer cette tumeur » comme circonscrite par les lames du péritoine énormément di- » latées, et peut-être spécialement par cette portion de séreuse qui, » après avoir revêtu la partie postérieure de la vessie urinaire, » va tapisser la paroi antérieure du rectum. La compression » exercée sur ces parties, l'augmentation rapide de la tumeur » et sa nature, mes résultats cliniques *avantageux*, dus à l'in- » jection de la teinture alcoolique d'iode dans la tunique vagi- » nale pour la cure de l'hydrocèle, et ensuite une espèce d'a- » nalogie dans l'altération pathologique des tissus affectés dans » ce cas, furent les raisons qui me déterminèrent à injecter dans » la tumeur, à l'aide d'une seringue, comme dans l'hydrocèle, » avec la même canule, deux gros de teinture d'iode mêlée à » deux onces d'eau distillée. Le malade n'éprouva qu'une légère » chaleur dans le bas-ventre. Il ne sortit par la même canule » que le tiers du liquide injecté. Il n'y eut qu'une très-faible » réaction fébrile, qui ne se manifesta que quatorze ou quinze » heures après l'opération. Douze heures après l'injection, le » malade urinait à des intervalles plus marqués et un peu plus » abondamment. En cinq jours, la tumeur disparut sensible- » ment, de sorte qu'elle fut jugée guérie par moi et mes nom-

» breux collègues qui la virent. Je gardai le malade jusqu'au » 25 du même mois dans ma salle, et de là il passa dans celle » dirigée par mon collègue et ami le professeur Ramati, pour y » être débarrassé entièrement de la dysenterie, notre service » étant en ce moment encombré. Le 14 juin, il quitta l'hôpital, » parfaitement guéri. »

M. Récamier s'est servi avec avantage de la potasse caustique d'abord, puis du bistouri, pour ouvrir un abcès hydatique du foie (*Bulletin de Thérapeutique*, novembre 1843), et il n'eut pas été rationnel d'agir avec le bistouri seul, de peur d'avoir un épanchement mortel dans le péritoine; on suit, en agissant ainsi, la marche de la nature, qui, comme le fait observer M. Vidal de Cassis, avant de diviser les tissus, opère des réunions ; elle se livre au préalable à un travail d'organisation. Ainsi, autour des solutions de continuité qu'elle va opérer, naissent des adhérences, ou bien les tissus s'épaississent. C'est la synthèse qui a précédé la diérèse. Dans les opérations par le bistouri seul, on ne trouve rien qui ressemble à cela, et cependant nos procédés, pour être efficaces, pour réussir, devraient se rapprocher le plus de la nature.

Je ne sais si d'autres essais ont été tentés dans les affections des séreuses des grandes cavités, au moyen des caustiques ; il ne m'est rien parvenu à cet égard. La méthode *substitutive* est encore dans l'enfance : à d'autres sera réservé de faire une histoire plus complète des heureuses applications qu'on aura pu faire de l'emploi des caustiques en général. Les kystes, espèces de poches ou de sacs sans ouverture, ayant beaucoup de rapport avec les séreuses proprement dites, au moins quant à la membrane intérieure, nous allons, avant même de parler des petites séreuses, nous en occuper immédiatement.

M. Taxil, chirurgien en chef des hospices civils de Lyon, est le premier qui a eu l'idée de traiter les kystes et les loupes au moyen de la pâte calcio-potassique (poudre de Vienne). « Nous » comptions seulement, dit ce chirurgien, et nous devons le dé- » clarer ici, que l'action irritative du caustique se propageant » à la surface interne de la poche kysteuse amènerait dans ce » tissu résistant, à surface interne séreuse, cette aptitude au re- » collement qui lui manque ; nous ne fûmes pas peu surpris de » voir, à la chute de l'escharre, et lorsque, pressant sur la tumeur,

» nous voulûmes la débarrasser de la matière qu'elle renfermait, » de voir, disons-nous, la place entamée revenir sur elle-» même, abandonner le kyste, qui, grâce à sa texture solide, » résistante et peu élastique, ne s'affaissant pas, put être enlevé » sans efforts et presque sans douleur. Vingt-neuf fois le même » mécanisme s'est reproduit entre nos mains dans des tumeurs » enkystées, siégeant sur diverses parties du corps. Dans une » poche séreuse qu'un homme, couché au numéro 10 de notre » salle des blessés, portait au sein droit, l'application de la » pâte calcio-potassique donna lieu à une large escharre, qui fut » suivie, en quelques jours, de l'affaissement de la tumeur, par » la résorption d'une partie du fluide qu'elle contenait ; à la » chute de cette escharre, le reste du liquide s'écoula, et une » adhésion prompte des parois rendit à ce côté du thorax toute » la régularité qu'une heureuse conformation comporte. Un » vieillard qui avait un kyste séreux à la fesse gauche, dont le » poids l'incommodait, et dont l'accroissement l'obligea d'entrer » à l'hôpital pour s'en faire débarrasser, fut traité par le caus-» tique de Vienne, appliqué largement sur la tumeur, qui, du » volume du poing, s'affaisse considérablement ; l'escharre, qui » n'a intéressé que la peau, se détache au bout de quelques jours, » et le travail de l'*exbibition*, suivant la théorie mécanique de » M. Magendie, continuant toujours, cette tumeur disparut en-» tièrement, sans qu'elle laissât rien échapper de sa cavité qui » ne fut pas ouverte. C'est sur cette faculté qu'acquièrent les mem-» branes séreuses de se livrer à ce travail d'exbibition, soit méca-» nique, soit vital, que nous fondâmes l'espérance de voir se ré-» sorber l'hydropisie enkystée de la tunique vaginale, sous l'in-» fluence de la pâte calcio-potassique. Nous l'avons appliqué de-» puis le 11 août 1837, à cet effet, sur une hydrocèle ; voici ce que » nous avons obtenu : d'abord une escharre de la largeur d'une » pièce de deux francs a été produite sur la partie moyenne de » la tumeur. (Il aurait mieux valu attaquer la tumeur par sa par-» tie inférieure.) L'hydrocèle est devenue plus molle sans rien » perdre de son volume. A la chute de l'escharre, arrivée le 24 du » même mois, la tumeur n'ayant subi aucune modification, nous » avons perforé la tunique vaginale.

» On voit que les choses se passent différemment, et dans » les kystes à parois épaisses, consistantes, qui renferment une

» matière lipomateuse, stéatomateuse, athéromateuse ou mé- » licérique, et dans ceux à parois minces, réduits, pour ainsi » dire, à leurs rudimens séreux, et qui, pleins d'un fluide limpide » et susceptible de traverser mécaniquement les pores dont ils » sont percés, reviennent sur eux-mêmes, s'effacent sans s'ex- » folier, soit que, l'escharre les entamant, ils laissent épancher, » en s'ouvrant, la portion du liquide qui n'a pas été résorbée, soit » que ce liquide passe intégralement dans le torrent de la circula- » tion, tandis que les premiers, à cause de l'épaisseur de leurs » parois, ou par la consistance de la matière qu'ils renferment et » qui ne peut être résorbée, sont expulsés facilement par la pres- » sion. A ces deux variétés semblerait devoir se réduire le méca- » nisme de la guérison des loupes traitées par la pâte calcio-po- » tassique. Dans les premiers jours de juillet 1837, nous avons » appliqué sur une loupe grosse comme une noisette, que portait » au scrotum un négociant de Toulon, la pâte calcio-potassique » dans une étendue relative considérable, et pendant cinq minutes » seulement, au bout duquel temps *escharre d'une couleur grise* » *cuivrée, qui, au troisième jour, passe au noir de jais;* la lou- » pe s'affaisse graduellement jusqu'au volume d'un pois chiche; » *alors limite exacte* entre le bord de l'escharre et celui de la peau » saine; le volume de la loupe reste stationnaire. Le 3 août, nous » pûmes enlever l'espèce de calotte qui la coiffait; mais en vain » cherchâmes-nous à la culbuter, car, extrêmement réduite, elle » n'existait plus que *rudimentairement.* Nous la laissâmes et » tout disparut. Ici, comme quand le kyste s'ouvre, ou que ce- » lui-ci ne se laissant pas entamer, il se détache en masse, la » guérison a été radicale, puisque la tumeur a disparu sans » qu'il en reste nulle trace. Nous nous abstiendrons de toute con- » jecture sur le mode de nutrition de ces développemens anor- » maux, qui ont reçu le nom de tumeurs enkystées; nous nous » bornerons à dire que les phénomènes qui accompagent leur » guérison, lorsqu'elles sont traitées par le caustique, doivent » faire abandonner le bistouri, à l'aide duquel l'opérateur dissè- » que si minutieusement ces sortes de sacs. En effet, la pâte » calcio-potassique a été appliquée trente-deux fois avec un suc- » cès si constant, qu'il nous est permis d'espérer qu'elle sera » préférée à l'opération sanglante, qui en général plaît très-peu, » et que repoussent surtout les esprits méticuleux.

» Voici l'état détaillé des kystes soumis à l'action du caustique » de Vienne : vingt-neuf de ces kystes épars, consistans, ont » été traités par nous à l'aide de cet escharrotique ; sur ce nom- » bre vingt-quatre siégeaient sur divers points de la périphérie » du crâne, trois à la face, un en bas du dos, au voisinage du » coccyx, l'autre sur la partie antérieure du scrotum. Une fois » l'escharre produite sur la tumeur au moyen de la poudre de » Vienne, escharre qui, au bout de cinq minutes d'application du » caustique, est de deux lignes environ d'épaisseur, escharre qui a » passé au noir plus ou moins foncé en deux ou trois jours, qui » s'est séparée des tissus vivans dans un laps de temps à peu » près analogue, la pression obligeant ensuite la matière que » renferme le kyste à s'échapper par le point de cette poche » qui, subjacent à l'escharre, a été ramolli par elle, le kyste se » vide, devient flasque ; mais à cause de sa texture, il ne s'af- » faisse pas, tandis que les tégumens élastiques reviennent sur » eux-mêmes en l'abandonnant. Alors, par des pressions latérales » et simultanées, on parvient sans peine et sans beaucoup de » douleur à l'arracher de sa loge celluleuse, saignante, qui ne » tarde pas à disparaître. Le kyste que nous avons opéré sur le » scrotum a suivi, dans sa guérison, une marche différente. » Ici, la propriété absorbante de la face interne de la poche a » seule fait justice de la maladie, puisque, après la formation » de l'escharre, il y eut diminution de la tumeur, et que celle-ci » décroissant graduellement, disparut presque en entier, sans » laisser échapper la plus petite parcelle du liquide qu'elle con- » tenait. Un kyste à parois épaisses, consistantes, siégeant sur » le pariétal gauche, a été traité par M. le docteur Gérardin à l'aide » du caustique de Vienne, dont l'application, pendant dix minu- » tes, a donné lieu à une escharre qui a été suivie de la diminution » d'un tiers du volume primitif de la loupe. Après la chute de » l'escharre le kyste a été aisément extrait intact de son chaton » (*Journal des Connaissances médico-chirurgicales*, 5me volume, » page 54). Deux kystes séreux, l'un sur la fesse, l'autre au sein, » sont attaqués tous les deux, dans l'hôpital du Saint-Esprit, par » la pâte calcio-potassique ; tous les deux s'affaissent, et le pre- » mier, obéissant à une absorption continue, disparaît sans que » rien ne s'échappe de sa cavité, qui n'est pas moins entamée, » tandis que l'autre éprouve, à la chute de l'escharre, une perte de

» substance par laquelle s'écoule le peu de sérosité qu'il renfer-
» mait encore, et ensuite s'efface complètement. »

Cette méthode de cautérisation, ajoute M. Taxil, n'épouvante pas les malades ; les douleurs qu'elle leur fait éprouver sont légères, ne durent que quatre à cinq minutes ; les résultats *sont doux autant qu'infaillibles : là, point d'érysipèle traumatique, point de nécessité de ces ligatures d'artères, sources si fécondes d'inflammation*... Qui ne se rappelle avoir vu la mort survenir par suite de l'opération d'une loupe enlevée au moyen du bistouri, et cela à la sollicitation de la personne elle-même, qui par coquetterie ne pouvait endurer cette tumeur *innocente ?*

J'ai, pour ma part, traité quelques tumeurs enkystées au moyen de la poudre de Vienne et de la potasse caustique, et je n'ai eu qu'à me féliciter de son emploi. Succès prompts et constans, accidens nuls.

Lorsque la tumeur est peu considérable, et que l'on vise à avoir la coque du kyste en son entier, par énucléation, il ne faut pas se servir d'un caustique actif, qui attaquerait la coque, la perforerait et la laisserait se vider ensuite infailliblement. Des rondelles de drap, taillées de manière à recouvrir la grosseur en ses deux tiers, seront trempées, au préalable, dans de la teinture alcoolique d'iode ou de cantharides, rondelles qu'on aura soin d'imbiber de temps en temps. J'ai, par ce moyen, chez un sujet pusillamine, porteur de trois loupes au front, usé le *cuir*, d'abord, qui servait de première enveloppe aux tumeurs, et suis arrivé aux coques tout-à-fait intègres. Les ébranler, les arracher de leur chaton par l'ouverture artificielle de la peau, m'a été de la plus grande facilité. Je les conserve dans une boîte, et je les ai montrées à la Société médicale d'émulation, dans une des séances de l'année 1843.

Il y a deux ans, un homme d'une trentaine d'années se présenta dans une des séances hebdomadaires de la Société médicale d'émulation de Bordeaux. Cet homme était porteur d'uue petite tumeur enkystée du menton, de la grosseur d'une forte aveline. Je fus chargé de l'opérer à l'aide du caustique. La peau et le kyste furent atteints par la pâte calcio-potassique; le sac se vida, puis s'exfolia et tomba ; la peau revint sur elle-même, ferma l'ouverture qui avait donné issue à la coque. Quinze jours après l'application du topique désorganisateur de la peau, le malade se représente à la Société, on peut dire entièrement guéri.

Mme Chauffray, âgée de soixante-douze ans, propriétaire à Floirac, portait sur le cuir chevelu deux loupes de la grosseur d'un petit œuf de poule. Elle me sollicita pour que je voulusse bien la débarrasser de ces tumeurs qui la gênaient pour mettre son chapeau. J'appliquai sur chaque tumeur enkystée une calotte de sparadrap, percée dans le centre de manière à présenter une ouverture longue et étroite, dans laquelle je mis de la pâte calcio-potassique pendant dix minutes. L'escharre fut très-bien formée; elle se détacha au douzième jour avec un segment de la coque. Les tumeurs furent vidées; on pansa avec de la charpie et du suppuratif qu'on introduisit dans le kyste. Au bout de quatre à cinq jours, les coques s'ébranlèrent, et, par de fortes tractions, je les arrachai de leur chaton. Peu après la plaie marcha rapidement vers la guérison, qui ne se fit pas attendre. Aucun accident inflammatoire ne fut la conséquence du traitement par le caustique.

Mme Paramic, âgée de soixante ans, propriétaire à Tresses, vint, il y a eu trois ans le mois de mai dernier, me consulter pour une vaste tumeur de la grosseur d'une tête de fœtus, mais un peu plus aplatie, bornée supérieurement par la crête de l'iléon gauche et se terminant au delà du trochanter à la partie antérieure et supérieure de la cuisse du même côté. Le diagnostic de cette tumeur était fort difficile à porter. La femme Paramic n'a jamais eu de maladie lymphatique, rien qui puisse faire croire que sa constitution est entachée du vice scrufuleux ou cancéreux; elle a eu cependant une apoplexie très-intense, qui d'abord la laissa hémiplégique à gauche; mais peu à peu la force et le jeu des muscles de ce membre ont repris en grande partie leur aptitude primitive. Cette tumeur est dure, rénitente, indolore. Je fais une ponction exploratrice avec une lancette étroite, et, par l'ouverture exiguë qui en résulte, s'écoule une matière blanche, demi-solide, pultacée, qui ne sort que par une pression assez forte. Fixé sur le diagnostic de la tumeur, qui est un véritable kyste stéatomateux, j'agrandis l'incision exploratrice de plusieurs centimètres, et je vide entièrement ce sac énorme; j'y fais des injections, tout d'abord, avec de l'eau tiède, pour bien en nettoyer la paroi interne, puis je recours aux injec tions avec la teinture d'iode, plus tard à celle avec le nitrate d'argent. En trois semaines, j'obtins une adhérence complète de la paroi antérieure et interne du sac à sa paroi postérieure, bien entendu que les injections caustiques avaient fait détacher par parcelles la séreuse du sac, et avaient enflammé la membrane sous-jacente. Aucun accident n'entrava la cure de ce vaste kyste ; la peau, tout d'abord flasque et exubérante, s'est rétractée au point qu'il faut savoir qu'une tumeur a existé primitivement dans la région iliaque gauche.

Le nommé Pierre Fatin, chargeur au roulage, âgé de cinquante-cinq ans, était porteur d'une tumeur sphérique de la grosseur du poing, située au devant du masseter gauche, sous la peau de la joue, s'étendant de l'arcade zygomatique à l'angle de la mâchoire inférieure, et transversalement de la branche montante de ce dernier os jusqu'au muscle grand zygomatique, qui limite la tumeur en haut et en avant. La peau qui recouvre cette grosseur est d'un rouge livide ; de nombreuses veinules variqueuses s'y dessinent, ainsi que des artérioles dont le calibre est augmenté. Fatin dit que sa maladie date de près de trente ans. Sans cause connue, il s'est aperçu qu'une petite tumeur proéminait sur sa joue ; il n'en a fait aucun cas, et l'a laissée aller au point d'arriver lentement au volume que nous venons de lui assigner. Je montrai ce malade à la Société médicale d'émulation, il y a environ six ans. La tumeur parut enkystée à tous les membres, et néanmoins aucun d'eux n'opina pour l'ablation. On craignait avoir affaire à quelque corps fongoïde qui aurait amené une hémorrhagie inquiétante ; d'ailleurs la région délicate qu'occupait cette tumeur ne laissait pas que d'éveiller l'attention des chirurgiens prudens appelés à donner leur avis à ce sujet. L'excision d'une tumeur enkystée, quel qu'en soit le siége, quel que soit le procédé opératoire, n'est jamais indifférente ; on ne dissèque pas minutieusement le *sac* adhérent à la peau et au tissu cellulaire ambiant, sans courir le risque de provoquer des accidens inflammatoires, des érysipèles phlegmoneux, et qui vont jusqu'à compromettre la vie des opérés.

Fatin comptait garder long-temps la tumeur qui le défigurait, et qui le gênait beaucoup. Le mardi-gras (8 février 1842), il se heurta la joue du côté du kyste, contre l'angle d'une caisse qu'il déchargeait du haut d'une charrette. La peau qui recouvre la tumeur fut entamée ; une petite hémorrhagie eut lieu. Cet homme vint me trouver, et je remarquai dans le fond de la plaie un éraillement de la coque nacrée du kyste et quelques gouttelettes d'un liquide blanchâtre très-épais. En pressant la tumeur sur les côtés, j'en faisais sortir une matière stéatomateuse très-épaisse par les petits pertuis de la coque éraillée. Connaissant la nature de la tumeur, j'y fis une large boutonnière, par laquelle s'échappa au moins un demi-kilogramme de matière pultacée ou plutôt stéatomateuse, dont la couleur est d'un blanc sale. Le kyste fut entièrement vidé ; j'y pus promener mon doigt en tous sens. Il restait une grande quantité de peau exubérante, qui, par la distension extrême qu'elle avait éprouvée par suite du développement de la tumeur enkystée, avait perdu en grande partie sa propriété rétractile. Devais-je exciser un segment de cette peau distendue, ainsi que de la *coque* cystiforme qui lui était intimement unie ? Fallait-il détacher en entier de la peau cette dernière, afin d'éviter la récidive et de faciliter l'adhérence de ce tégument dénudé au tissu cellulaire sous-jacent ? Je consultai à cet égard la Société médicale, qui me conseilla l'usage, dans l'intérieur du kyste, des injections caustiques, soit d'une solution concentrée d'azotate d'argent, soit d'iode ou tout autre agent cathérétique. Les injections iodées chaudes font détacher de la paroi interne du kyste une grande quantité de paillettes nacrées. Je promène dans l'intérieur de cette cavité des morceaux de pierre infernale; j'y introduis des bourdonnets de charpie enduits de pommade épispastique, tout cela en vue de provoquer de l'inflammation et de la suppuration : tout fut inutile. La paroi interne du kyste fut tannée, durcie ; la peau se rétracta ; les lèvres de la *boutonnière* se roulèrent sur elle-même en dedans, et comblèrent le vide qui existait encore. Somme toute, il n'y a pas d'adhérence ni dans la paroi interne du kyste, ni dans les bords de l'incision, et cependant il n'existe qu'une plicature linéaire et verticale de la peau, qui indique l'ouverture artificielle de l'*antre vide*. On chercherait vainement le lieu où existait la tumeur, lorsqu'on ne fait que regarder la partie, sans s'assurer par le toucher que le kyste n'est pas adhérent à lui-même. Y aura-t-il récidive ? je n'en crois rien ; d'ailleurs, si, contre toute probabilité, cela arrivait, je pourrais, en me servant de l'ouverture qui existe encore au kyste, injecter de nouveau un liquide caustique. Fatin vient de succomber, ces jours derniers, à une pneumonie chronique.

M. Rognetta préconise le vésicatoire dans l'hydrocèle. C'est sur des faits observés à l'Hôtel-Dieu, dans le service de M. Breschet, que ce médecin appuie l'efficacité de ces cautérisations au premier degré, c'est-à-dire jusqu'à l'ampoule, au soulèvement de l'épiderme. Les accidens inflammatoires dont sont quelquefois suivies les injections irritantes, les effets fâcheux qui pourraient résulter de ces injections, lorsque l'hydrocèle est compliquée d'une hernie, soit congéniale ou non (mais particulièrement dans le premier de ces deux cas), enfin la répugnance de quelques malades pour ce genre d'opération, font, ajoute M. Rognetta, qu'on doit donner la préférence au vésicatoire sur les autres méthodes. Il a vu l'inflammation des bourses, survenue à la suite de l'application de ce topique, suivre à peu près la marche qu'elle tient dans les cas d'injection irritante, cathérétique, et déterminer la guérison radicale de l'hydropisie.

Cependant il préconise plus particulièrement les vésicatoires volans réitérés, pour les petites hydrocèles des enfans. (*Bulletin général de Thérapeutique*, année 1833.)

« Il s'est présenté assez souvent dans mes salles de clinique, dit M. Ricord, des cas d'hydrocèle indépendans de toute cause syphilitique, et j'ai déjà pu employer sur cinq malades un moyen nouveau qui m'a donné de bons résultats : c'est la teinture d'iode, étendue d'eau distillée et appliquée sur la tumeur à l'aide de compresses qui en sont imbibées et dont on enveloppe le scrotum. Les différens degrés de concentration auxquels je l'ai employée sont les suivans :

N° 1. Teinture d'iode.. 4 gr.
Eau distillée... . 120 »
Mêlez.

N° 2 Teinture d'iode.. 8 gr.
Eau distillée..... 120 »
Mêlez.

N° 3. Teinture d'iode.. 12 gr.
Eau distillée..... 120 »
Mêlez.

N° 4 Teinture d'iode. 24 gr.
Eau distillée..... 120 »
Mêlez.

» Chez les sujets dont la peau est très-délicate et l'épiderme mince, la première formule suffit. Lorsqu'il y a moins de sensibilité et de dureté des tissus, on passe successivement aux autres formules. Il faut, pour que le médicament agisse, que les malades éprouvent une sensation de chaleur assez vive, mais insupportable, et sans qu'il y ait brûlure ou vésication ; que la peau du scrotum brunisse ou passe au rouge brun, l'épiderme se *parcheminant* et laissant des écailles qui se détachent, en laissant au dessous une sorte de transpiration grasse, toujours sans vésication. Tant qu'on n'obtient pas ces résultats, il faut augmenter la dose de teinture d'iode, la quantité d'eau distillée restant la même ; mais quand on est arrivé à produire ces effets, on s'en tient au même degré de concentration de la teinture, en renouvelant, deux fois par jour, les compresses qui en sont imbibées. S'il survient de la douleur, on suspend pendant quelques jours, et on reprend ensuite jusqu'à disparition complète de la tumeur. »

Observations. — Gouttel (Jean) était, depuis neuf ans, affecté d'une hydrocèle du côté gauche dont la formation avait été précédée d'une orchite, résultat d'un coup sur le testicule. La tumeur est demeurée stationnaire jusqu'à ce jour 5 octobre ; son volume égale celui d'un gros œuf de dinde ; la tunique vaginale paraît plus distendue que de coutume ; aucun symptôme d'inflammation. M. Ricord ordonne l'usage externe de la teinture d'iode à 8 grammes. Jusqu'au quatrième jour l'action du médicament est peu marquée ; le sixième l'épiderme se détache en écailles brunâtres ; une transpiration abondante se produit ; le septième, la tumeur est beaucoup moins étendue ; il se forme sur le scrotum une espèce de pellicule sèche et noirâtre. Le 15 octobre, nouvelle exfoliation ; le scrotum est très-humide ; la tumeur diminue de volume : elle n'a plus que le tiers de sa grosseur primitive. On porte la solution d'iode à 12 grammes. Les phénomènes précités se reproduisent régulièrement jusqu'au 2 novembre, et le malade sort guéri.

Verger (Pierre), affecté d'une hydrocèle enkystée du cordon, a été guéri, après quinze jours de traitement, par l'usage de la teinture d'iode, d'abord employée pendant cinq jours à un vingt-quatrième, et les suivans à un douzième.

Cardof (Claude). Ce malade a été parfaitement guéri d'une hydrocèle très-volumineuse en trente-six jours ; pendant les quinze premiers jours on a employé la solution de teinture d'iode à huit grammes, puis à douze grammes.

Fauché (Jacques). Pour la cure radicale d'une hydrocèle compliquée d'induration testiculaire, il a fallu trente-cinq jours de traitement ; pendant les dix premiers, la solution était à huit grammes.

Delorme. Chez ce malade le traitement a été long, mais en quelque sorte en proportion du volume de l'hydrocèle. La solution de huit grammes a été employée pendant trente jours à peu près, et pendant vingt la solution à douze grammes. (*Journal des Connaissances médico-chirurgicales*, 1833, p. 140.)

La *grenouillette*, que je considère avec le docteur Olivet comme une affection complètement indépendante des glandes salivaires, comme un véritable kyste, peut être traitée et guérie par la cautérisation.

C. Audineau, femme Bret, âgée de vingt ans, me consulta l'année dernière (1846) pour une tumeur qu'elle avait sous la langue et qui la gênait beaucoup. Il y avait trois ans que la tumeur s'était montrée d'une manière apparente. Plusieurs ponctions avaient été faites, et chaque fois on avait vidé le kyste ; mais ce traitement palliatif n'empêchait pas les récidives qui se succédaient peu après les ponctions. Je fis une ponction, moi aussi, avec une lancette, j'introduisis par l'ouverture artificielle dans le sac un crayon de nitrate d'argent, et je badigeonnai de mon mieux cette cavité. Un mois après, récidive ; je rouvre le kyste avec l'instrument tranchant : il s'en écoule comme toujours un liquide jaunâtre, filant, ressemblant à une décoction concentrée de graines de lin. Cette fois-ci, j'usai d'un crayon de potasse caustique que je promenai en tous sens dans le sac : cela réussit à faire tomber en lambeaux la coque du kyste, et la cicatrisation s'est effectuée. Il n'y a plus eu de récidive.

M. Velpeau traite les kystes de la thyroïde, les kystes synoviaux, les bourses dites muqueuses, l'hygroma, les kystes du sein, au moyen de l'injection d'iode, qui est un cathérétique assez énergique. Des succès nombreux en ont établi l'innocuité et ont prouvé son avantage sur toute autre. M. Velpeau met un tiers de teinture d'iode et deux tiers d'eau, qu'il mêle ensemble, et qu'il injecte dans le sac préalablement ouvert.

M. Lisfranc, dans le traitement des kystes qui simulent ou accompagnent le goître, se sert, pour faire tomber le sac en lambeaux, du topique suivant :

Onguent simple.......................... 4 grammes.
Potasse caustique........... 1,10 cent.

Mêlez.

Je ferai observer en passant que si un chirurgien aussi habile que M. Lisfranc consent à abandonner le bistouri pour le caustique chimique, c'est qu'il faut que sa conscience lui ait dicté ce procédé, qui n'a pas le brillant de l'opération sanglante, mais qui en évite tous les dangers.

Il se développe, au devant du genou de quelques personnes qui ont l'habitude de se prosterner appuyées sur leurs rotules, des kystes qu'a fort bien décrit M. Fleury, de Clermont, dans un mémoire imprimé dans la *Gazette Médicale*, qu'a reproduit le *Bulletin Médical* de Bordeaux, année 1840, page 118. Les femmes paraissent plus exposées à cette affection que les hommes. Le développement qu'acquiert le kyste au devant de la rotule est souvent considérable. On peut, lorsque la tumeur date de peu de temps, se servir avec avantage de l'injection iodée ou de celle avec le nitrate d'argent. L'inflammation adhésive qu'elle provoquera amènera la cure radicale de la maladie.

M. Bonnet, de Lyon, a traité avec succès l'hydartrose au moyen de l'injection suivante :

| | | |
|---|---|---|
| Eau.................................. | 16 | grammes. |
| Iode.................................. | 2 | grammes. |
| Iodure de potassium................. | 4 | grammes. |

Mêlez et faites dissoudre selon l'art.

La quantité du soluté à injecter ne doit jamais dépasser celle de la sérosité qu'on peut faire sortir de l'articulation. On n'injecte, dit M. Bonnet, jamais plus de 15 à 20 grammes à la fois.

M. Velpeau a, le premier en France, préconisé l'injection iodée dans l'hydrocèle. Les préparations d'iode ayant déjà été employées en topique dans l'hydrocèle avec quelques succès, ce médecin se demanda si ce procédé, qui était bon au dehors, pourrait être encore meilleur au dedans, c'est-à-dire en injections. L'induction n'a pas été trompeuse.

M. Velpeau se sert d'un mélange d'eau et de teinture alcoolique d'iode, dans les proportions de 4 à 8 grammes de teinture par 30 grammes d'eau ; après avoir vidé le kyste, il y fait une injection de 30 à 120 grammes du liquide précédent. En malaxant la tumeur, il force le médicament à toucher toute la surface intérieure, ce qui peut dispenser de la remplir entièrement ; puis on retire aussitôt la liqueur iodée sans craindre d'en laisser certaine quantité. Il n'est pas nécessaire de chauffer la solution.

M. Velpeau a retiré de ce procédé de grands avantage ; aussi sa méthode s'est-elle généralisée. M. Charles Dujat, D.-M.-P., a fait un mémoire, imprimé dans la *Gazette Médicale*, année 1839, duquel il résulte que les injections iodées, récemment introduites en France par M. Velpeau, sont employées depuis 1832 par M. Martin, chirurgien de l'hôpital des Natifs, à Calcutta. On injecte, au moyen d'une seringue, un mélange de demi-gros de teinture d'iode et un gros et demi d'eau pour une hydrocèle de 6 à 30 onces de liquide ; on emploie trois gros pour celles de 30 à 60 onces, et 4 à 5 gros pour celles au dessus. Les hydrocèles qui contiennent moins de 3 onces de liquide sont traitées avec un scrupule d'injection iodée, toujours dans la proportion d'une partie d'iode sur trois parties d'eau. On ne fait aucun traitement après l'opération. Il paraît qu'il n'est jamais survenu aucun accident grave. (*Journal des Connaissances médico-chirurgicales*, année 1838).

## CHAPITRE VIII.

### Des caustiques dans quelques affections du système glandulaire, mais plus particulièrement dans les squirrhes et les cancers de ces organes, et dans ceux des autres systèmes en général.

Le système glandulaire consiste en un certain nombre d'organes plus ou moins arrondis, pourvus de canaux ramifiés, qui se réunissent en un seul tronc, pour se rendre à la surface des tégumens et y verser un liquide particulier séparé du sang dans l'intérieur de ces organes. L'induration est une terminaison fâcheuse et fréquente de l'inflammation de ces organes ; il n'y a pas loin de cette dernière au squirrhe et de celui-ci au cancer. Ce n'est qu'à l'un de ces trois états, c'est-à-dire dans l'induration, le squirrhe ou le cancer, que les caustiques ont été utilement employés ; or, comme le squirrhe et le cancer sont des tissus accidentels ou de nouvelle formation, nous ne croyons pas qu'il soit nécessaire de faire un chapitre spécial pour ces affections diathésiques : nous les confondrons toutes deux dans ce chapitre.

J'ai publié diverses observations de glandes indurées, ou même squirrheuses, qui, au moyen d'un topique pulvérulent, iodé ou camphré, se sont résoutes entièrement. M. le docteur Tanchou s'est approprié ce procédé, bien que mes observations fussent fort antérieures aux siennes, et a entretenu les membres de l'académie de médcine de son *pulvéro-topique*, qui a guéri une foule d'indurations et de squirrhes. L'iode à la dose d'un décigramme, incorporé à la fécule d'amidon ou de pomme de terre à la dose de 90 grammes, agit de la même manière que le cautère objectif, comme je l'ai déjà dit antérieurement.

C'est une question encore en médecine pratique de savoir si l'on doit chercher à guérir le cancer, à l'enlever par les caustiques ou l'instrument tranchant. Celse a dit, il y a bien longtemps, en parlant du cancer : « Il est des praticiens qui ont fait » usage des caustiques ; quelques-uns ont eu recours au feu ; » d'autres ont tenté l'amputation ; *mais ni l'une ni l'autre de ces » méthodes n'a jamais réussi chez personne :* car si on brûle le » cancer, on ne fait que l'accélérer, et il ne cesse de faire des » progrès, jusqu'à ce qu'il ait fait périr celui qui en est attaqué. » Si on l'emporte avec le bistouri, il revient après que la cicatrice » est formée et termine enfin les jours du malade. » (*De medic.*)

M. Leroy d'Étioles, dans un mémoire qu'il lut à l'académie des sciences, séance du 20 février 1843, *sur la diathèse et la dégénérescence cancéreuse*, invoque les chiffres pour résoudre la question dont s'agit. Pour cela il s'est adressé à tous les chirurgiens. La conclusion formelle de son mémoire est que l'ablation du cancer, par l'instrument tranchant ou par le caustique, est une opération presque toujours inutile et souvent dangereuse. Cependant un grand nombre de faits, bien avérés, prouvent que le cancer peut guérir, d'une manière stable, par l'enlèvement complet au moyen de l'instrument tranchant ou des caustiques. Telle est l'opinion de MM. Ferrus et Breschet (*Dictionnaire* en 25 vol., art. *Cancer*), lesquels pensent, avec beaucoup de praticiens, que si l'on a long-temps nié la curabilité des affections cancéreuses, et si quelques médecins partagent encore cette opinion, c'est que l'on a obstinément réservé le nom de cancer à la dernière période, à la période incurable de cette maladie, qui, dans son principe, eût été très-susceptible de guérison. Si l'instrument tranchant et le caustique revendiquent des succès indubitables, lequel des deux a le plus de récidives ? qui des deux doit l'emporter ? M. Canquoin, dans son ouvrage intitulé *Du Cancer*, répond à cette question, pages 129 et 130. « La méthode de cautérisation opposée à celle de l'instrument

» tranchant est infiniment plus sûre que celle-ci. Pour le prou- » ver en dernier ressort, je n'ai pas besoin de rappeler l'opinion » de Boyer et de Delpech, qui ont professé jusqu'à la fin n'avoir » jamais guéri ni vu guérir un véritable cancer par l'opération » sanglante; celle de Monro l'Ancien, qui disait que, sur soixante » personnes opérées de cette maladie, il n'en restait, après deux » ans, que quatre qui n'eussent pas essuyé une récidive ; et celle » de Scarpa, qui, dans le cours de sa longue pratique, n'a observé » que trois cas où l'extirpation de vrais squirrhes n'ait point été » suivie de repullulation. Il me suffira, je pense, d'énoncer que, » sur cent sujets opérés dans les hôpitaux (par l'instrument » tranchant) pour cette affection, et pris indistinctement, c'est-à- » dire abstraction faite du siége comme de la période de la ma- » ladie, de l'âge et du sexe des malades, on n'a jamais compté » plus de dix guérisons radicales (j'entends par là celles qui se » sont maintenues au moins pendant un laps de deux années), » tandis que je déclare avoir guéri, sur le même nombre, quatre- » vingt-deux sujets placés au milieu des mêmes circonstances, et » cela tout en faisant figurer sur la liste des insuccès les cas où » je n'ai échoué que par l'indocilité des malades. »

M. Trousseau dit, dans un journal qu'il dirige, à l'occasion d'un cancer qu'il cautérisa : « Ici se trouve confirmée l'observa- » tion déjà si bien mise en lumière par M. Récamier, et avant lui » indiquée par Justamond, frère Côme, Pluncquet, Rousselot, » Dubois, savoir : que les affections cancéreuses, superficielles » ou profondes, récidivent beaucoup moins vite sous le caustique » que sous l'instrument tranchant. »

Un habile praticien, M. le docteur Pujo, de Berson, a donné au *Bulletin Médical*, année 1841, pages 161, 206, 235, 262, un travail remarquable sur le traitement des cancers par les caustiques. Ce médecin, bien sûr de sa méthode, proposait à la Société royale de médecine de Bordeaux, qui n'en a pas tenu compte, qu'elle voulût bien lui envoyer une dixaine de malades atteints de cancer, dans les cas les moins défavorables ; et il ajoutait : « Pour vous prouver mon désintéressement, messieurs les mem- » bres, et mon désir de vous faire connaître la vérité, je m'engage » à soigner les malades que vous me ferez l'honneur de m'adres- » ser, tout le temps qu'il sera nécessaire, sans aucun honoraire. » En envoyant son travail à M. Dauzat pour le prier de l'insérer dans le *Bulletin Médical* de Bordeaux, il dit : « J'espère que mes confrères qui le liront *en retireront quelques fruits. C'est là ma seule ambition* ». Que ce modeste et habile praticien en reçoive de ma part des remercîmens bien sincères ; car je dois à la publication de son mémoire plusieurs succès par l'application des caustiquès à laquelle il m'a enhardi.

Le frère Côme donna le premier une poudre arsenicale composée ainsi : Cinabre, deux gros; cendres de semelles, huit grains; sang dragon, douze grains ; arsenic blanc, quarante-huit grains; mêlez, faites une poudre subtile. On imbibe cette poudre avec un peu d'eau, et on l'étend avec un pinceau sur l'ulcère cancéreux. On recourvre le tout d'un linge fin ou de charpie râpée. L'escharre tombe au bout de trois à quatre jours, laissant une plaie de bon aspect. Des succès nombreux sont dus à cette composition, et le vieux M. Souberbielle, qui la tient du frère Côme, a continué de s'en servir avec avantage, ainsi que M. Manec, à qui elle a été divulguée par M. Souberbielle lui-même.

Dans une séance de l'Académie des sciences, du 30 janvier 1843, M. Manec écrivait une lettre qu'on y lut, dans laquelle il disait que, depuis plus d'un an, il rassemble les matériaux d'un travail sur l'application de la pâte arsenicale au traitement du cancer. Il excisait tout d'abord les fongosités du cancer avant l'application de la pâte du frère Côme, parce qu'il considérait l'action de la pâte arsenicale comme purement escharrotique. « J'eus lieu » d'observer, dit-il, que, dans les épaisseurs augmentées par les » prolongemens internes du cancer, sa chute n'avait été ni moins » prompte ni moins précise que dans ses parties les plus minces. » L'action escharrotique avait complètement détruit celles-ci, » tandis que, dans celles-là, elle s'était limitée à une couche d'en- » viron un demi-centimètre d'épaisseur, et qu'au dessous toute » la profondeur de la masse carcinomateuse se trouvait flétrie, » atrophiée, sans que sa texture en fût désorganisée. » J'en dus conclure 1° qu'au lieu d'interposer entre la pâte arsenicale et les tissus sains un *medium* capable d'empêcher ou de ralentir l'action du médicament, le corps cancéreux en était, avant la suppuration, frappé d'une sorte d'empoisonnement dans sa vitalité particulière ; 2° que l'ablation préalable, à l'aide de l'instrument tranchant, des fongosités cancéreuses est parfaitement inutile.

Pourquoi les médecins ont-ils généralement tant d'aversion pour les caustiques ? Ne serait-ce pas parce que l'agent chimique fait lui-même l'opération ? que le médecin est pour ainsi dire spectateur oisif durant l'action du médicament, tandis qu'armé du bistouri le chirurgien est tout-à-fait actif, et qu'il y a bien plus de brillant, bien plus de promptitude dans l'opération sanglante? Mais aussi que de dangers pour le malade et de responsabilité pour le chirurgien, pendant et après l'opération ! L'hémorrhagie, l'érysipèle, la récidive, qui marchent à pas de géant, sont là pour arrêter la main armée de l'instrument tranchant et pour lui faire préférer les agens caustiques.

M. Pujo, de Berson, donne vingt-six observations de cure de cancers par les caustiques. Je pourrais citer, dit ce praticien, une infinité de faits semblables, « mais je me contente de montrer » ceux-ci, parce que la non récidive des six premiers est attestée » par des écrits que j'ai en main, et que les autres appartiennent » à des sujets encore vivans et que j'ai vus il y a peu de temps. » Ces observations sont tirées de la pratique de M. Pujo père. « J'aurais pu, ajoute le fils, citer quelques observations de ma pra- » tique un peu plus détaillées que les précédentes ; mais elles ne » sont pas assez anciennes pour figurer comme non suivies de » récidives. » Cet aveu prouve la bonne foi de l'honorable médecin, qui, jaloux de répandre l'usage des caustiques dans la cure des cancers, ne donne cependant que des faits parfaitement authentiques et à l'abri de récidives.

Le cautère actuel, ou fer rouge incandescent, a aussi été préconisé dans le traitement topique du cancer. Entre autres observations, M. Daniel, de Cette, a guéri un cancer du col de l'utérus par cet agent actif. C'est au moyen d'une olive rougie à blanc, qu'il tenait appliquée une minute, qu'il a dû ce succès, qui est consigné dans le *Journal de la Société de Médecine* (de Montpellier), du 23 août 1842. Le caustique Filhos a aussi été employé avec succès dans le traitement des maladies du col de l'utérus. Pour le préparer, on met deux parties de potasse et une partie de chaux dans une cuillère en fer qu'on passe ensuite sur un feu très-vif : la fusion de la potasse ne tarde pas à avoir lieu ; celle de la chaux est plus tardive. Lorsque la fusion est opérée, on coule le mélange dans une lingotière, qu'on a la précaution de chauffer, et de laquelle on retire ensuite les cylindres caustiques, qui ont pour caractère d'être durs, d'absorber promptement l'humidité de l'air, et de se recouvrir ainsi d'un hydrate de chaux mêlé de potasse. Aussi, pour les conserver intacts, les recouvre-t-on d'une lamelle de plomb ou d'une couche mince de cire à cacheter, que l'on renferme dans des tubes de verre bien bouchés. On peut au besoin rendre plus active l'action du caustique en le trempant légèrement dans une liqueur alcoolique. Après la cautérisation, on essuiera avec soin le cylindre avant de le replacer dans le tube de verre. Pour s'en servir on le met en contact avec la partie qu'on veut cautériser, en imprimant au cylindre de légers mouvemens. En deux ou trois minutes l'escharre est faite. Par ce procédé, on ne craint pas de voir fuser le caustique, d'obtenir des escharres prolongées, irrégulières, trop larges ou trop petites ; l'œil dirige tout. Le malade ressent fort peu de douleur ; il s'en aperçoit à peine quand on a soin de le distraire.

Bien que les observations ne manquent pas dans les cas dont il s'agit, je crois devoir en donner qui me sont propres, et pour lesquelles les caustiques potentiels ont eu une heureuse application, sauf pourtant le malade de la première observation, qui avait déjà subi une opération, à quelque mois de là, par l'instrument tranchant.

J. Fourcade, âgé de soixante-dix ans, habitant de Floirac, tonnelier. Cet homme, qui n'a jamais fumé, eut cependant à la lèvre inférieure, près de la commissure droite, un ulcère cancéreux. Les tonneliers ont l'habitude de laisser tremper ces sortes de rubans de tige flexible d'osier, avec lesquels ils lient les cerceaux de leurs barriques, dans de l'eau croupissante, où des vers ou larves d'insectes fourmillent ; puis, appuyant l'une des extrémités de ces lanières d'osier sur leur lèvre inférieure, ils cassent avec les dents la partie ligneuse qui se tient encore à l'écorce de ces portions de tige d'osier en leur extrémité supérieure; ils l'arrachent ainsi, appuyée qu'elle est sur la lèvre inférieure, afin qu'avec cette partie, qui n'a que l'écorce, ils puissent nouer solidement au cerceau ladite lanière d'osier, et ils réitèrent ce travail plusieurs fois par jour. D'un autre côté, pour transvaser le vin d'un tonneau dans un autre, ils se servent d'un pesant syphon de cuivre qu'ils appuient fortement à leur lèvre pour aspirer l'air du syphon, faire le vide en un mot, exercice, ainsi que l'autre, qui sont propres à irriter les lèvres, à y provoquer d'abord de l'induration, puis le squirrhe, puis enfin le cancer. Quoi qu'il en soit, ledit J. Fourcade, présentant un carcinome à la lèvre inférieure, fut opéré une première fois avec l'instrument tranchant (le mal datait alors de deux ans) par M. Lamarque. La récidive eut lieu six mois après. Ce fut alors que j'attaquai le cancer avec la pâte Canquoin. Je réduisis plusieurs fois l'ulcère à quelques millimètres de surface, et pendant plus de deux ans j'enrayai les progrès du mal. La lèvre était encore volumineuse, et je pouvais, en continuant d'agir ainsi, prolonger la vie de ce malheureux malade. Il voulait guérir à tout prix, disait-il. Il réclama de nouveau l'opération sanglante. M. Cazenave la pratiqua ; la cicatrisation se fit presque entièrement ; mais, deux mois après cette seconde opération, l'ulcère fit des progrès à pas de géant ; les ganglions du cou s'engorgèrent, s'indurèrent ; une fièvre d'infection eut lieu, et J. Fourcade succomba en peu de jours.

B. Despeau, tonnelier, âgé de quarante-huit ans, ne fume jamais. La pipe et le cigarre lui sont entièrement inconnus. Cependant, soumis aux deux causes dont nous avons parlé dans l'observation ci-dessus, une induration, puis une ulcération avec douleurs lancinantes, se sont montrées à sa lèvre inférieure. Il consulta plusieurs chirurgiens: tous parlaient de l'amputation du mal avec le bistouri. Cet homme, qui est pusillanime, ne voulut pas s'y soumettre ; mais il consentit à l'application de la pâte arsenicale du frère Côme. Ce caustique a réussi à merveille ; l'ulcère est cicatrisé depuis un an, et il n'y a pas la moindre apparence de récidive.

M. Seguin, officier de douanes, présentait, à la lèvre inférieure, une ulcération avec induration à son pourtour. Le mal n'était pas plus large qu'une pièce d'argent de vingt-cinq centimes. J'enlevai avec des ciseaux toute la portion indurée ; je cautérisai avec la potasse caustique la plaie vive, et, depuis une quinzaine d'années qu'a eu lieu l'opération, il n'y a pas eu la moindre apparence de récidive. Il n'était pas indispensable de faire deux opérations : la cautérisation avec la pâte Canquoin ou celle du frère Côme eût suffi ; mais je suis convaincu que si, après l'opération à l'aide des ciseaux, je me fusse abstenu de caustique, la récidive ne se fût pas long-temps fait attendre.

Quand un cancer a été enlevé par le bistouri, et qu'arrive une récidive, les caustiques ont bien peu de chances, comme l'exemple de Fourcade vient de nous l'apprendre ; cependant je vais faire l'histoire, avec détails, d'un cas où, après deux opérations sanglantes suivies de récidives, le caustique chimique a eu un plein succès.

*Observation de squirre du lobule de l'oreille gauche.*

Mlle X. eut les oreilles percées, pour la première fois, à l'âge de trois ans et demi, et on y plaça des pendeloques un peu plus lourdes que ne le comportait la tendreté de ses lobules auriculaires. A quatre ans, une bonne (qui ne méritait guère ce nom), en lui lavant rudement la figure et les oreilles avec une serviette mouillée, arracha une des pendeloques qui fut retrouvée dans les replis de ce linge. Le lobule, ainsi déchiré, se cicatrisa, et, à peine l'était-il, qu'on le perça de nouveau. La boucle d'oreille ne put y être tolérée, tant elle provoquait de douleurs ; on l'enleva, et le pertuis du lobule se referma bientôt. On revint à la ponction de cet appendice auriculaire un assez grand nombre de fois, pour y adapter un pendant ; et toujours la douleur qu'accusait cette jeune demoiselle contraignait ses parens à lui enlever l'ornement fatal qu'ils s'entêtaient à vouloir lui imposer. A dix ans, Mlle X. caressait un perroquet de mauvaise humeur, lequel monta sur son épaule, et la mordit cruellement au même lobule, qui fut traversé d'outre en outre par le bec tranchant de l'oiseau. A quelque mois de là, on tortura de nouveau cet appendice charnu par des ponctions et des pendans qui ne purent être tolérés plus d'une semaine. Les caractères du squirrhe se dessinèrent peu à peu ; le lobule gonfla et durcit ; il se transforma en un tissu couenneux de nouvelle formation. Mlle X. y ressentait assez souvent les douleurs lancinantes pathognomoniques du squirrhe. Ces douleurs la réveillent au plus fort de son sommeil. Elle ne peut dormir sur l'oreille malade. La santé générale s'altère.

M. Y..., consulté, propose l'ablation du mal par le bistouri dans le plus bref délai. L'opération est acceptée. Au mois de mars 1835, MM. Y... père et fils y procèdent. Le lobule est enlevé aussi profondément que possible ; on en laisse une partie qui ne paraît pas suspecte, *que l'on traverse d'outre en outre par un fil de plomb*, afin de pouvoir plus tard le remplacer par *une boucle d'o-*

*reille*. L'opérateur s'évertue à cacher de son mieux la mutilation qu'il vient de faire, et cherche de faire une prothèse avec la peau de la joue la plus voisine de la plaie ; pour cela il traverse cette portion de tégument par une aiguille enfilée, ainsi que le morceau de lobule resté intact ; il serre le fil, rapproche, met en contact ces deux parties ; mais tout-à-coup la paupière supérieure se clot, et ne peut plus être relevée.

Force fut d'enlever ce point de suture, et au même instant le voile mobile de l'œil gauche put exécuter ses fonctions d'une manière normale. Je m'explique ainsi cet accident. La branche temporale du nerf de la septième paire croise le condyle de la mâchoire et s'y divise en plusieurs rameaux. C'est sans doute une portion du rameau temporal qu'aura étranglée la ligature, car il envoie des filets à la paupière supérieure, lesquels s'anastomosent avec ceux fournis par le nerf ophtalmique de la cinquième paire. Un bandage serré fut appliqué autour de la tête pour suspendre l'hémorrhagie. Le moreeau de plomb qui traversait l'oreille provoquant de fortes douleurs, on fut contraint de l'enlever et de laisser cicatriser l'ouverture par où il passait. Mlle X., après la cicatrisation complète de la plaie, commence à y ressentir des douleurs lancinantes, ce qui n'empêcha pas qu'au mois de novembre M. Y.... *ne perçât de nouveau le moignon du lobule et y adaptât un pendant*. Ce corps étranger provoqua des douleurs inouïes ; on l'enleva, et on laissa cicatriser l'ouverture traversée par la boucle d'oreille. Le squirrhe alors se réveilla et grandit en très-peu de jours ; il provoquait à chaque instant des douleurs lancinantes insupportables. On fit construire des pincettes compressives qu'on appliqua sur le lobule de nouvelle formation, et, à l'aide d'une vis à écrou, on le serra aussi fort qu'on le put. Cette compression, qui fit beaucoup souffrir, sans résultat avantageux, fut continuée avec persévérance pendant quinze jours. Mais il fallut y renoncer : la malade n'avait de repos ni le jour ni la nuit; sa santé générale se détériorait. Je doute très-fort que la compression, vantée dans ces circonstances par M. Récamier, ait amené un seul cas de guérison. On recourut aux fondans, entre autres à la pommade d'hydriodâte de potasse en frictions sur l'engorgement. Ce topique enraya les progrès du mal ; mais l'iode était absorbée avec avidité par la peau fine de la malade. Cet agent provoqua un amaigrissement tel qu'il se rapprochait du marasme. Le pharmacien chargé de préparer la pommade s'apercevant du dépérissement rapide de Mlle X., lui conseilla de suspendre les frictions ; elle le fit et regagna bientôt une partie de son embonpoint. Au mois de novembre 1839, Mlle X. alla à Londres consulter le célèbre Astley-Cooper, qui opina pour l'amputation immédiate du squirrhe ; il la pratiqua d'un seul trait avec des ciseaux courbes, et omit, ainsi que l'avait fait M. Y...., de cautériser la plaie de suite après l'opération. L'hémorrhagie fut très-abondante ; une syncope inquiétante, qui dura près d'une heure, suspendit l'hémorrhagie. Astley Cooper se félicita de cette pamoison, et il eût (dit-il) été fort embarrassé sans cela pour se rendre maître du sang. J'ai remarqué qu'au pied de la tumeur les veinules sont variqueuses et les artérioles anévrismatiques ; il y a là comme une espèce de tissu caverneux. Tout se passa bien la première semaine. Mlle X. s'embarqua pour la France. Durant la traversée de la Manche, l'hémorrhagie se manifesta de nouveau. On ne voulut pas défaire le bandage ; on se contenta, arrivé à Calais, d'ajouter de nouveaux jets de bande à ceux déjà trop nombreux qui l'emmaillotaient, et lui entamaient le cuir chevelu et les oreilles. L'hémorrhagie ne fut pas diminuée, et coula jusqu'à Paris, où d'habiles chirurgiens la suspendirent. Il était temps : cette demoiselle se trouvait, pour ainsi dire, exsangue. Elle m'a dit que, dès les premiers jours qui suivirent l'opération, elle avait ressenti les mêmes douleurs lancinantes qu'avant l'ablation de la tumeur ; il en avait été ainsi la première fois. Quoi qu'il en soit, le squirrhe ne fut apparent que huit mois après l'opération, et le lobule de nouvelle formation poussa rapidement dans cette région délicate. Il fallait agir plus profondément qu'on ne l'avait fait jusque là ; mais la crainte de léser le nerf facial et d'entraîner la paralysie de la moitié de la face est bien capable d'arrêter l'opérateur le plus intrépide. Mlle X. vint, l'année 1843, au mois de juillet, consulter la Société de médecine, pour savoir si l'opération, qu'on lui disait des plus pressantes, pouvait être différée de quelques mois sans danger. La Société crut qu'il n'était pas indispensable d'opérer de suite, tout en jugeant l'opération inévitable un peu plus tard. M. Bermond, voyant les avantages que j'avais obtenus des topiques secs résolutifs dans les squirrhes, me conseilla d'y recourir. J'en usai.

avec quelque apparence de succès pendant plus de huit mois. Les douleurs lancinantes étaient devenues très-rares. La santé de Mlle X. était aussi excellente. Au printemps dernier (1844), la tumeur se gonfla, devint très-douloureuse. MM. Cazenave et Bermond vinrent avec moi chez la malade ; tous les deux opinèrent pour l'ablation de la tumeur à l'aide du bistouri. Cette demoiselle, rebutée par deux récidives survenues après ce mode opératoire, se refusa à toute opération sanglante. J'appliquai de temps en temps une sangsue derrière l'oreille malade, et je recourus de nouveau au topique sec, qui eut encore un succès passager ; la tumeur diminua d'une manière sensible et les douleurs y étaient devenues moins vives et moins fréquentes. Au mois d'octobre 1844, le squirrhe se réveilla de plus belle, et prit de l'intensité chaque jour. Je proposai la cautérisation par un agent chimique. On l'accepta en haine de l'opération sanglante, qui avait échoué deux fois. J'expérimentai divers caustiques sur une femme atteinte de cancer au sein. Je vis que la poudre de Vienne provoque des douleurs atroces ; que le sublimé, très-douloureux aussi, propage l'inflammation due à sa brûlure bien loin du lieu circonscrit où il a été appliqué ; que la poudre arsenicale a le même inconvénient et les dangers de l'absorption ; que ces divers caustiques sont susceptibles de couler sur les parties saines, de les brûler, et d'aller au delà du but qu'on se propose. J'essayai enfin le caustique Canquoin, qui se compose de parties égales de farine et de chlorure de zinc. Il faut, avant l'application de la pâte, enlever l'épiderme de la partie sur laquelle on l'étend. Le caustique n'agit que sur le tégument dénudé de ce premier feuillet ; et c'est, selon moi, un grand avantage, car, si la pâte caustique coule et touche les parties pourvues d'épiderme, elle n'y provoque aucune brûlure, ou tout au plus une espèce d'érythème. J'appliquai la pâte caustique de zinc une première fois pendant deux heures, le 17 de ce mois. J'en avais enveloppé le lobule en tous sens, et le caustique avait ainsi une force plus que double de celle qu'il a lorsqu'il est placé sur une seule surface plane. Le lendemain le topique fut réappliqué et toléré douze heures, sans beaucoup occasionner de douleurs. La partie touchée par le caustique sembla convertie en une masse savonneuse ; (cataplasmes émolliens). Au sixième jour le lobule se détacha en entier. J'ai fait depuis une nouvelle cautérisation superficielle, qui a suffi pour mettre la malade à l'abri de toute récidive.

Le lupus et le chancre vénérien me semblent devoir être à leur place ici, à côté du cancer proprement dit, la cautérisation ayant toujours été, d'ailleurs, le moyen le plus héroïque et le plus efficace pour combattre ces deux affections.

Le lupus peut se passer de médication intérieure : il n'en est pas de même du chancre vénérien, qui doit toujours être attaqué par les deux voies.

C'est la variété de lupus qui détruit en profondeur, qui occupe en particulier le nez, et se développe sur les ailes ou bien à son extrémité, qui réclame surtout le caustique appliqué localement.

M. le docteur Payan a fait un mémoire sur le traitement de l'esthiomène ou lupus, dans lequel il démontre par des faits l'inutilité des médications générales et la toute-puissance des médications locales. Il se sert du sublimé corrosif, de la pâte de Vienne, et panse l'ulcère qui succède à l'escharre avec l'onguent styrax ou le styrax liquide lui-même.

Il se sert aussi de la préparation arsenicale suivante comme topique :

| | | |
|---|---|---|
| Arsenic blanc pulvérisé............ | 4 | grammes. |
| Cinabre............................... | 30 | id. |
| Sang dragon.......................... | 30 | id. |

Voyez le *Journal des Connaissances médico-chirurgicales*, mai 1842 (1).

M. le docteur Putegnat, de Lunéville, dans un travail cité dans la *Gazette des Hôpitaux*, du 27 octobre 1842, adopte le traitement local par le caustique, et le traitement général, qu'il modifie selon la nature présumée du lupus, qui peut être scrofuleux ou syphilitique.

Pour l'esthiomène de cause scrofuleuse, il donne le matin, à jeun, de 20 à 100 gouttes de liqueur arsenicale, de liqueur Pearson, en trois fois, à une demi-heure d'intervalle, et cela

(1) La *Gazette des Hôpitaux* (mai 1847) donne un article intitulé *Parallèle des caustiques*, dans lequel est accordée la préférence sur tous les autres caustiques à la *pâte noire*, formée avec un mélange d'acide sulfurique et de safran, de la consistance d'une bouillie épaisse.

le matin à jeun, ou bien moitié de la dose le matin, en plusieurs fois, et moitié le soir, deux heures au moins après le dernier repas. Une infusion de feuilles de noyer servira de tisane et sera prise froide. On en donnera un litre par jour, laquelle contiendra d'un à trois grammes d'iodure de potassium.

La plaie, par partie, si elle est vaste, sera, au bout de six jours de l'emploi du traitement général, profondément cautérisée avec un pinceau de charpie imbibé de *nitrate acide de mercure*. Ce caustique, dit M. Putegnat, est le meilleur de tous ceux qui ont été employés contre le lupus. L'escharre étant tombée, on appliquera de la charpie sur le fond de l'ulcération. Chaque fois qu'un des bords de la plaie deviendra très-douloureux, puis tuméfié et bleuâtre, il devra être soigneusement et profondément cautérisé avec le nitrate acide de mercure. Les petits points bleuâtres qui se montrent à la superficie de la plaie, dans les sillons formés par les bourgeons, seront aussi cautérisés, mais légèrement.

Si les bourgeons charnus venaient à s'arrêter dans leur marche, quatre fois dans vingt-quatre heures ils devraient être touchés avec de la teinture alcoolique d'iode, et même pansés avec de la charpie imbibée de cette même teinture. Toutes les six heures, les bords de la plaie seront frictionnés avec de la graisse contenant de l'iodure de soufre, à la dose de 60 à 80 centigrammes par 15 grammes d'axonge. On fera des lotions alcalines. Il faut enlever toutes les quarante-huit heures, au moyen d'un pinceau, la pellicule brunâtre qui recouvre les bords de la plaie, afin que la graisse iodurée puisse toucher immédiatement le fond de l'ulcère à nu. Quand une plaie cicatrisée, même depuis quelques jours, menace de s'ouvrir de nouveau, s'il survient une tache rougeâtre, brûlante, sensible à la moindre pression et légèrement élevée au dessus du niveau de la cicatrice, on la recouvre immédiatement avec un plumasseau de charpie, enduit d'une couche épaisse de cérat de saturne opiacé. Si une portion d'épiderme, plus ou moins étendue, vient à se soulever, en produisant un léger sentiment de brûlure, on donne issue au pus qu'elle contient, puis on la recouvre avec de la charpie imbibée de teinture alcoolique d'iode. Une fois la plaie cicatrisée, il faudra néanmoins continuer le traitement local et général, tant que les chairs sont mollasses, blanchâtres et gélatineuses. L'usage de la graisse contenant de l'iodure de soufre, continué un mois après la disparition des autres symptômes, finit par amener le nivellement des cicatrices. Puis, pour faire disparaître la couleur rougeâtre des chairs, on comprimera légèrement les cicatrices avec des compresses imbibées d'eau de Goulard.

D'après les idées du docteur Payan, qui croit que le traitement topique du lupus est suffisant, j'ai cautérisé et guéri deux de ces affections chez deux femmes. Le siége de l'esthiomène était au nez.

N° 1. — Mlle B. Signac, âgée de dix-huit ans, d'un tempérament éminemment lymphatique, porteur de ganglions engorgés sous les aisselles et sous le maxillaire inférieur, avait, dès l'âge de quatorze ans, une rougeur du nez avec gonflement, ce qui avait l'aspect d'une engelure. A quinze ans, la peau du nez, où siégeait la rougeur violacée précitée, s'est ulcérée; des croûtes verdâtres, s'agglomérant les unes sur les autres, tombaient et se formaient de nouveau, se succédant sans interruption et gagnant insensiblement en surface et en profondeur. La médication interne la plus rationnelle fut employée sans le moindre succès. Au mois de mai 1847, je fus consulté pour la première fois. Je constatai qu'une partie de l'aile du nez était rongée à sa partie inférieure, à l'orifice de la narine, et que l'ulcération recouvrait tout le lobe, ou bout du nez. J'appliquai sur l'ulcération la pâte Canquoin, dans la proportion d'une partie de chlorure de zinc et deux parties de farine de froment; puis, avec une goutte d'eau, je pétris le tout; j'en fis une feuille assez large pour recouvrir toute l'ulcération, et de cinq millimètres d'épaisseur. J'eus une escharre qui se détacha au douzième jour. Le caustique n'avait pas agi assez profondément. J'en fis une seconde application, et j'augmentai quelque peu l'épaisseur de l'emplâtre ci dessus. Cette fois, je m'applaudis de mon mode d'agir, et j'obtins une escharre suffisante pour enlever toute la maladie. La cicatrisation s'est faite de suite, et tout me porte à croire à un succès complet; car un an s'est écoulé, et rien n'est apparu; le nez même a pâli, et on se douterait à peine que cette jeune personne a eu une maladie si à craindre. Il n'y a nulle trace dégradante.

Marie Ramond, femme Mathurin, âgée de quarante-huit ans, porte depuis plusieurs années un lupus qui occupe la peau du nez, qui s'étend de l'extrémité inférieure et gauche de l'os propre de cet organe jusqu'au bout du nez et à l'aile gauche. Le traitement général a été inutile. Un praticien a, sans plus de succès, recouru à la pâte arsenicale du frère Côme. Consulté au mois de juillet de l'année dernière, je proposai la cautérisation, qui fut acceptée. Je recouvris tout l'ulcère d'un feuillet de pâte Canquoin, d'un demi-centimètre d'épaisseur. J'eus une escharre large et profonde, à tel point que j'eus peur d'avoir percé d'outre en outre la paroi charnue du nez ; mais heureusement il n'en fut rien. A la chute de la portion mortifiée, je fus effrayé de l'excavation qui restait ; eh bien ! des bourgeons charnus se sont développés et ont comblé tellement cette lacune, qu'aujourd'hui on ne se douterait pas qu'il y a eu perte de substance dans cet appendice facial. Pendant que le caustique agissait, je pratiquai une forte saignée du bras, opération qui empêcha la fièvre de venir. Après la chute de l'escharre, je pansai avec de la charpie enduite de styrax.

Tous les praticiens cautérisent les chancres vénériens au moyen de l'azotate d'argent, qui n'est qu'un faible cathérétique, qu'un modificateur de la vitalité de la partie sur laquelle on l'applique ; mais satisfait-il à toutes les conditions que doit se proposer tout médecin, la guérison prompte et sûre ? Hélas ! non ; les ulcères cancéreux sont souvent le résultat de ces cautérisations timorées. Je me sers avec succès du caustique Filhos, nommé improprement poudre de Vienne solidifiée, et même de la pâte de Canquoin. Il faut aller au delà du mal pour réussir complètement. Je répète ce que j'ai dit plus haut, que le traitement interne spécial est d'ailleurs de toute nécessité.

## CHAPITRE IX.

### UN MOT SUR LES CAUSTIQUES, DANS QUELQUES AFFECTIONS DES SYSTÈMES FIBREUX, CARTILAGINEUX ET OSSEUX.

J'ai réuni, dans ce neuvième et dernier chapitre, trois systèmes, qui dépendent tellement les uns des autres, que le plus souvent ils sont malades en même temps, comme dans l'arthrocace, où membranes fibreuses, cartilages, fibro-cartilages, périoste et os, sont affectés conjointement, mais à divers degrés.

M. Guersant fils a appliqué avec beaucoup de bonheur, chez les enfans atteints de *tumeurs blanches*, la poudre de Vienne, pour y faire des cautères *volans* qu'on entretient avec des pois; il en a placé jusqu'à quarante chez un même sujet.

Le cautère actuel, en hache, moyen emprunté à l'hippiatrique, a souvent été mis en usage chez les adultes dans la même circonstance, autour du genou, du coude, ou de tout autre articulation engorgée; mais ce moyen héroïque répugne tellement au malade, qu'on recourt de préférence au cautère potentiel ou chimique. Cependant rien ne peut remplacer le fer rouge, quand il faut agir sur une grande surface; rien ne vaut *les raies de feu*; car l'ammoniaque, un métal plongé dans l'eau bouillante (Marteau de Mayor), les moxas, la potasse caustique, la poudre de Vienne, la pâte Canquoin, ne pourront suffire lorsqu'il s'agira d'établir des *raies* plus ou moins rapprochées, longues, larges et profondes, qui cernent et sillonnent de vingt manières différentes une surface même fort étendue (tumeur blanche, affections rachidiennes arthrocaces). Que faire dans ce cas, si les malades, pusillanismes, refusent les raies de feu? M. Mayor recourt alors aux acides minéraux concentrés, qui lui paraissent réunir les qualités propres à les rendre populaires et curatifs.

Avec un pinceau d'amiante, trempé dans ces caustiques liquides, on dessine, tout à son aise et sans opposition de la part du malade, autant de *raies* qu'il le faut.

« Je passe et repasse, dit M. Mayor, le pinceau aussi souvent qu'il est nécessaire et suivant que je veux agir plus ou moins profondément; puis je laisse au liquide le temps de se dessécher, de s'imbiber ou de s'amalgamer, ce qui est l'affaire de deux à trois minutes. » On peut, selon les circonstances, obtenir des ustions à tous les degrés, au moyen de ce nouveau mode de cautérisation transcurrente, sur le larynx dans la laryngite chronique, aux apophyses mastoïdes dans la surdité, dans les épanchemens pleurétiques, dans la gastralgie, sur la peau qui correspond au lieu malade, et dans les engorgemens de l'abdomen vis-à-vis le siége du mal. M. Mayor n'a jamais vu d'érysipèle survenir à la suite de ce mode de cautérisation. J'ai cité en entier le passage de M. Mayor, bien qu'il s'applique à d'autres affections que celles dont je m'occupe dans ce chapitre; mais de cette manière je répare un oubli que j'ai fait ailleurs.

Dans les cas où l'articulation est moins malade, qu'il n'y a que la membrane fibreuse atteinte avec épanchement articulaire, on peut recourir à un moyen plus doux proposé par un médecin allemand, M. Maritz. On bariole l'articulation malade, dont on a soin d'humecter au préalable la surface, avec des raies de nitrate d'argent éloignées les unes des autres de six millimètres seulement; ou bien on fait dissoudre 12 décigrammes de sel d'argent dans 8 à 12 grammes d'eau distillée; puis, avec un pinceau trempé dans cette solution, on barbouille toute la surface de l'articulation tuméfiée. L'épiderme, dans les points touchés, se soulève chaque fois, en sortes de phlyctènes qui contiennent un liquide lymphatique; ces phlyctènes se dessèchent; et, après la chute spontanée des croûtes, l'articulation se trouve diminuée de volume. On répète ce traitement si simple autant qu'il en est besoin, jusqu'à ce que l'articulation soit revenue à sa forme et à sa grosseur normales. M. Moritz affirme qu'à l'aide de ce moyen si peu douloureux, il a, dans plus de vingt cas, obtenu, en très-peu de temps, la guérison complète des épanchemens articulaires les plus opiniâtres, et qui avaient résisté à toutes les médications tentées auparavant contre eux, quelle que fût, d'ailleurs, la cause de la maladie, par exemple, le rhumatisme, les scrofules, la goutte, etc.

La cautérisation médiate est le plus souvent employée dans l'ostéite et ses dépendances; mais la cautérisation immédiate est bien plus efficace.

Un homme d'environ cinquante-quatre ans, ancien militaire, qui a eu plusieurs maladies vénériennes, s'est présenté dans une des séances hebdomadaires de la Société médicale d'émulation, il y a quatre ou cinq ans, pour demander un conseil. Cet homme est porteur, au bras droit, de plusieurs trajets fistuleux dus à l'ulcération de l'humérus dans sa partie antérieure; ces points fistuleux sont sur une même ligne droite à sept à huit centimètres de distance, et occupent en grande partie toute la longueur de l'humérus. La Société se range à l'avis de M. A.-L. Bermond, qui appuie pour que l'on divise les chairs avec le bistouri jusqu'à l'os, dans toute la longueur qu'occupent les points fistuleux, puis qu'avec un cautère en hache, rougi à blanc, on brûle profondément l'humérus dans le lieu qu'occupe l'ostéite qui n'est que le fond de la plaie. J'assistai M. Bermond dans cette opération. L'incision longitudinale fut faite jusqu'au périoste sans hémorrhagie, puis le cautère fut promené dans le fond de la solution de continuité. Le malade, quelque peu indocile, broncha, et les deux points fistuleux supérieurs ne furent qu'effleurés. Le malade se refusa à une nouvelle ustion, de sorte que tous les points inférieurs qui avaient été suffisamment touchés par le fer rouge se sont taris et cicatrisés ; mais les deux supérieurs, bien qu'améliorés, ont persisté quelque temps. Un traitement spécial anti-syphilitique fut mis en usage ; cet homme a pris les eaux de Barèges pour une demi-ankylose de l'épaule du même côté, car l'ostéite a gagné la tête de l'humérus.

Les grands abcès froids, dus le plus souvent à une ostéite profonde, ont été cautérisés avec succès par M. Bonnet, de Lyon. Je crois devoir leur donner place en cet article, auquel ils semblent plus particulièrement se rattacher.

M. Bonnet a employé la cautérisation de diverses manières dans l'ouverture des grands abcès froids : tantôt il a ouvert, avec le bistouri ou avec le fer rouge, les abcès dans toute leur longueur, et a éteint des cautères rougis à blanc dans leurs cavités jusqu'à siccité, ou avec la poudre de Vienne il a fait une cautérisation longitudinale dans toute la longueur de l'abcès, en plaçant dans le centre de cette escharre de la pâte de chlorure de zinc destinée à détruire toute la paroi superficielle de l'abcès. Arrivé dans la cavité de celle-ci, il en a cautérisé la surface interne avec du chlorure de zinc, destiné à détruire toute la paroi superficielle de la membrane pyogénique, lorsque la paroi était grisâtre et n'avait point de tendance à produire des bourgeons charnus.

Dans les abcès profonds qui proviennent de la carie de la colonne vertébrale ou de la hanche, cette méthode ne peut être employée ; mais dans les cas nombreux où la méthode est applicable elle procure une guérison assurée et sans accident, si la constitution du malade n'est pas profondément altérée, chose qui n'est malheureusement que trop ordinaire dans les abcès froids.

Les productions morbides nommées fices, verrues, polypes, poireaux, choux-fleurs, mérises, condylomes, pour être sûrement guéries, doivent être tout d'abord excisées avec l'instrument tranchant ; puis le fond de la plaie récente sera cautérisé, de manière à détruire en totalité les radicules de ces végétations morbides, sans préjudice, néanmoins, du traitement spécial, lorsqu'il y a lieu.

J'ai parcouru une carrière un peu vaste ; j'ai entrepris un travail au dessus de mes forces, qui aurait demandé plus de temps et d'érudition que je n'y ai apportés : j'ai hâte de finir. J'ai, dans neuf chapitres, passé en revue les maladies susceptibles de guérir par la cautérisation ; j'ai fait une petite monographie sur la méthode substitutive, cette homœopathie hardie qui combat l'inflammation avec le feu, cette méthode que le génie excentrique, dévergondé de Paracelse a enfantée, et qu'on n'avait regardée que comme une hypothèse, comme un paradoxe, comme une utopie irréalisable ; et voilà néammoins qu'elle s'assied, qu'elle prend place tout auprès de la méthode antiphlogistique de Broussais, qu'elle lui succède immédiatemeut, comme pour prouver, comme je l'ai déjà dit ailleurs, qu'il n'y a rien d'absolu en médecine, et que les extrêmes se touchent.



FIN.

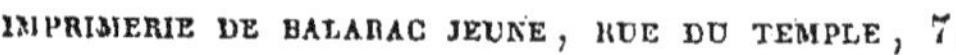

IMPRIMERIE DE BALARAC JEUNE, RUE DU TEMPLE, 7.

www.ingramcontent.com/pod-product-compliance
Ingram Content Group UK Ltd.
Pitfield, Milton Keynes, MK11 3LW, UK
UKHW020330230726
13925UKWH00002B/722